초등 아이 마음 다치지 않는 엄마의 말들
엄마의 감정이 말이 되지 않게

김선호 지음

김선호 지음

엄마의 감정이 말이 되지 않게

초등 아이 마음
다치지 않는

엄마의 말들

서랍의날씨

○ 머리말

아이들에겐 존재감 있는 언어가 필요하다

매일 아침 의식적으로 하는 행동이 있다. 바로 등교하는 아이들의 표정을 살피는 일이다. 등교 시 아이들의 표정은 마치 한 편의 영화 예고편 같다. 오늘 하루를 어떻게 보낼지 미리 알려준다. 아이의 표정, 움직임, 발걸음에서 평소와 다른 무언가를 감지한 날은 다가가 말을 건넨다.

"무슨… 일… 있니?"

대부분 "아니오"라고 말한다. 그런데 눈시울은 붉어진다.

"무슨 일이 있구나. 괜찮으니까 말해도 돼."

대부분 "괜찮아요. 다음에요"라고 말한다. 그리고 다음에 얘기해주는 아이는 별로 없다. 하지만 아이들은 누군가 자신의 표정을 읽어주었다는 사실만으로도 한결 가벼워진 모습을 보인다.

우리는 상처를 잊으라고 한다. 틀렸다. 상처는 기억하라고 흉터를 남긴다. 다시는 그런 일들을 반복하지 말라는 표식이다. 또 누군가 그 상처를 보고 자신을 기억해주길 바란다. 나는 우리 아이들이 다시는 상처받지 않기를 바란다.

우리는 싸우지 말라고 가르친다. 틀렸다. 싸우지 못하는 아이들에게 남는 건 상처뿐이다. 아이가 말을 잘 듣지 않는다고 하소연하는 학부모의 아이에게 더욱 잘 싸울 수 있도록 힘을 넣어준다. 더 이상 우리 아이들이 부모와의 싸움에서 상처받지 않기를 바란다.

무겁지만 아이들의 상처들을 기억해내는 첫 작업을 시작한다. 그 상처받은 기억의 시작과 끝은 항상 부모의 '말'에 있었다. 중요한 건 말 표현이 아니다. 대화하는 방법, 구체적인 스킬에 방점을 두어서는 안 된다. '이런 상황에서는 이렇게 말하고 저런 상황에서는 저렇게 말해야 한다'는 방법론에 묶이는 순간, 정말 중요한 우리 아이를 놓치게 된다.

우리 아이는 생명이 있는 한 '존재'이다. 그들에겐 기술적 언어가 아닌 '존재감 있는 언어'가 필요하다. '존재감 있는 언어'에는 많은 말이 필요하지 않다. 아이의 상황을 꿰뚫어보는 '직관적 시선'이 필요하다. 말하지 않는 아이일수록 온몸으로 자신의 상황과 증상들을 드러낸다. 그걸 보지 못하면 상처받은 아이와 대화는 어렵다.

참 이상하다. 많은 정보와 아이 교육과 관련한 배움의 기회들은 넘치는데, 매년 상처받은 아이들은 늘어나 있고 그 깊이는 더 깊다. 아마도 심리적으로 성인이 된 부모는 아직 많지 않기 때문일 것이다. 아이를 위해서가 아닌, 진짜 어른인 엄마 아빠가 되기 위해 이 책을 읽으면 좋겠다.

더불어 엄마로서 깊은 고민을 하며 실질적인 책의 목차를 잡아 준 윤수진 디렉터님께 감사의 인사를 드린다.

2021년 2월,
다락방 집필실에서
김선호

CONTENTS

CHAPTER 03.

아이 마음 읽어 주는 엄마의 말들

CHAPTER 04.

엄마 마음 읽어 주는 마음의 말들

CHAPTER 01.

아이 마음에 상처 주는
엄마의 말들

01

아이의 하루를 망치는 말들

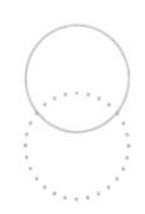

"아이들이 하루를 망치는 이유는 어떤 말을 들어서가 아니다. 언제 어디서 그런 말들을 반복적으로 들을지 이미 아이들의 무의식과 몸은 알고 있기 때문이다."

아이들에게 가장 중요한 아침 30분

학교 일과 중 맨 처음 하는 일은 아이들의 눈동자를 마주치는 일이다. 눈동자를 통해 그 아이의 하루를 읽는다. 아이들 입장에서 그냥 스치듯 지나가는 눈 마주침일지 모르지만, 내게는 하루 중 가장 '축'을 세우는 시간이다. 그때 축을 느슨하게 하면 그날은 꼭 어떤 일이 일어난다. 무슨 일이 일어나지 않더라도 일어난다. 담임만 모르는 사건이 벌어진다는 의미이다. 결국 며칠 뒤에, 혹은 몇 주 뒤에 더 큰 사건으로 드러나기도 한다. 그래서 학교에서 가장 중요한 시간이 언제냐고 묻는다면 나는 망설임 없이 대답한다.

"아침 8시 30분부터 9시까지."

즉 등교해서 1교시 시작하기 전까지가 가장 중요하다. 그 짧은 30분의 시간 동안 아이들의 하루 학교생활이 결정된다. 그 시간에는 가급적 말을 많이 하지 않고 눈과 손으로 말한다. 살짝 웃으며 바라봐준다. 또는 아이가 보내는 눈동자 신호에 따라 걱정스런 표정으로 바라봐준다. 더불어 손으로 머리를 쓰다듬기도 한다. 그 이상의 말은 잘 하지 않는다.

아주 가끔씩 이렇게 말하기는 한다.

"피곤해 보이네."

"조금 아파 보이는데, 괜찮니?"

아침 첫 30분, 그 이상의 많은 전달이나 훈육은 의미가 없다. 아이들에게 필요한 건 안정적인 하루의 시작이다. 일단 교실이 안전하다고 느끼면 아이들 개개인의 가정 상황과 환경이 어떻든지 학교에 있는 시간만큼은 불안감을 느끼지 않는다.

◌ 가정에서 중요하지 않은 시간은 없다

가정에서는 어느 시간이 가장 중요할까? 아침에 일어나는 첫 순간? 학교 끝나고 집에 돌아가는 시간? 아니면 저녁 먹고 잠자기 전까지의 시간?

"가정에서 중요하지 않은 시간은 없다."

이유는 간단하다. 하루 중 집에 있는 시간이 잠자는 시간 빼면 몇 시간 안 되기 때문이다. 질문을 바꿔야 한다. 집에 있는 시간의 중요성을 파악할 때는 이렇게 물어야 한다.

"우리 집에서 부모가 가장 취약한 시간은 언제인가?"

일반적인 상황에서는 아이가 잠들기 전 1시간이 가장 취약하다. 그 시간 대부분 부모님들의 '의지력'이 최하 단계에 와 있다. 직장에서 야근이라도 하고 온 날이면 몸이 천근만근이다. 그 피곤함과 더불어 인내심은 거의 바닥인 상태다. 직장에서 힘든 사건이라도 있는 날이면, 어김없이 짜증내고 화내기 딱 좋은 그런 컨디션이다. 그럴 때 부모들은 보통 이렇게 말한다.

"숙제 끝낼 때까지는 잠잘 생각하지 마라."

"그래서 내가 뭐랬어. 진작 하라고 했지?"

이 정도 말은 양호하다. 아이들을 상담하다 보면 생각보다 심한 말들을 많이 듣는다. 물론 부모로서 이렇게 생각할 수도 있다.

'욱해서 나도 모르게 심한 말을 하긴 했는데, 자주 그런 건 아니고 어쩌다 한 번이었는데 뭐….'

그 어쩌다 한 번이 아이의 자존심을 바닥으로 이끌 수 있다. 똑같은 분노를 가슴에 저장해둔 채 그 화를 쏟아낼 대상을 찾는 눈동자로 만들 수 있다.

○ 엄마 아빠가 가장 취약한 시간 들여다보기

부모 각자 취약한 시간이 있다.

-바쁜 아침 시간마다 버럭하는 아침 버럭형

-술만 마시고 들어오면 잔소리하면서 아이의 마음을 비꼬는 듯 혼내는 알콜릭 훈계형

-저녁식사 후 나른한 시간에 숙제 검사하면서 열받는 디너 홈워크형

-주말만 되면 일주일치를 한 번에 몰아서 쏟아내는 위크엔드형

찬찬히 생각해보자. 그리고 주로 언제 어떤 방식으로 화를 내고, 하지 말아야 할 말과 눈빛을, 혹은 손짓을 보냈는지 적어 보자. 몇 번만 적다 보면 금방 알아챈다.

"내가 가장 취약한 시간은 아침이었구나."

"내가 가장 취약한 시간은 일요일 아침이었구나."

아이들이 하루를 망치는 이유는 어떤 말을 들어서가 아니다. 언제 어디서 그런 말들을 반복적으로 들을지 이미 아이들의 무의식과 몸은 알고 있기 때문이다. 그래서 아이들은 학교에서도 불안해한다. 그리고 이렇게 말한다.

"선생님, 학원 숙제를 다 못해서 스트레스 받아요. 겁나요."

"학원 숙제 때문에 겁날 정도야? 숙제 안 하면 학원에서 혼나니?"

"아뇨. 집에 가서 엄마한테 혼나요."

"뭐라고 혼나는데…?"

"숙제 하나 제대로 못하는 게 맨날 놀 생각만 한데요."

아이들의 하루를 망치는 말은, 아직 듣지 못했지만 곧 들을 말들 때문이다. 아이들은 엄마에게 또는 아빠에게 어떤 말을 들을지 이미 알고 있다.

아침에 학교에 와서 가장 먼저 그 말을 떠올리고, 쉬는 시간마다 불안해하고, 점심시간 운동장에서 놀다가 문득 생각나고, 집에 가는 발걸음 속에 다시 기억해낸다. 그리고 엄마 아빠가 가장 취약한 시간이 되면, 마치 예약된 영화가 개봉하면서 그 말들이 쏟아진다. 대부분의 영화는 예고편보다 더 실감난다.

우리 집에는 오늘 어떤 말들이 예고되어 있는지 생각해보자. 아이들에게 공포, 스릴러가 아닌 해피엔딩이 예고된 말들로 반전 시나리오를 만들어보는 건 어떨까.

02

아이를 공포에 휩싸이게 하는 말들°

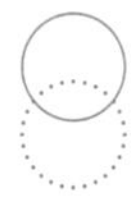

"시험에 대해 무의식적 반응을 보이는 아이들은 공포나 두려움이 '시험'에 있지 않았다. 그 아이들은 엄마나 아빠의 반응을 떠올렸다. 시험을 잘 보지 못했을 경우 다가올 패널티, 엄마의 화난 눈동자, 아빠의 한심하다는 듯한 표정, 할머니의 잔소리 등을 떠올렸다."

○ 당장 마주하지 않은 일에 공포를 느끼는 아이들

2018년 '미국국립과학원회보PNAS'에 게재된 딘 몹스Dean Mobbs 교수캘리포니아 공과대학 연구진의 표를 보면, 인간의 두려움에 반응하는 뇌에 대한 내용이 있다. 이 연구에 따르면 우리의 뇌는 갑작스럽게 마주하고 피할 시간이 없는 촉박한 상황의 위협에는 무의식적인 반응 회로가 작동한다고 한다.

반면 같은 위협이지만 피할 시간이 있거나 또는 피하기 위한 선택지와 방법들을 고민할 만큼의 간격이 있을 때는 인지적인 회로가 반응한다고 한다. 즉 우리의 뇌에는 두려움을 관장하는 회로가 두 가지 있다는 의미다. 인지적으로 반응하느냐, 무의식적으로 반응하느냐만 다를 뿐이다.

교실에서 보면 시험에 대한 긴장과 불안을 마주하는 아이들의 모습이 다르다. 딘 몹스 교수의 연구 결과에 비추어보면 4주 남은 시험에 대해 아이들의 반응은 인지적이어야 한다. 여기서 인지적이라는 것은 생각하고 고민해야 한다는 의미다. 어떻게 하면 시험을 잘 볼 수 있을까 고민하고 계획하고 선택해야 한다.

하지만 그렇지 않은 아이들이 있다. 시험에 대해 무의식적으로 반응하는 아이들이다. 아직 시험까지 4주나 남았지만, 그들은 시험이라는 말을 듣는 순간 즉각적으로 경직되거나 손을 떨거나 어찌할 바를 모른다. 마치 바로 앞에서 사자가 덮치는 그런 상황처럼 보인다. 지금 당장 마주한 위협이나 공포가 아님에도 불구하고 몇몇 아이들은 왜 인지적으로 대응하지 않고 무의식적으로 대응할까?

시험에 대한 무의식적인 두려움

시간적 여유가 있는 공포에 대해 무의식적으로 반응했다는 건, 당사자에게는 그 두려움의 상황이 임박한 어떤 사건처럼 크게 느껴진다는 것을 의미한다. 또는 인지적으로 아무리 해결하려 노력해봤자 소용없다는 경험을 반복한 결과일 수도 있다. 결국 어떤 경우든 아이는 시험 준비를 해야 하는 4주 동안 무의식적인 공포에 반복적으로 노출된다. 왜냐하면 시험이라는 말을 자주 듣거나, 또는 주변에서 시험공부를 하는 아이들의 모습을 자주 보기 때문이다.

교실 아이들을 임의로 두 그룹으로 나누고두 그룹으로 나누어 같이 앉게 했다는 의미는 아니다, 리스트를 만들어 구분하고 관찰했다. 4주 남은 시험에 대해 인지적으로 반응하는 아이들, 무의식적인 반응을 보이는 아이들 이렇게 두 그룹이었다. 그런데 관찰 중 새로운 그룹의 아이들을 알게 되었다. 그들은 시험에 대해 인지적으로도, 그렇다고 무의식적으로도 반응하지 않았다. 처음에는 이 아이들을 어떻게 해서든 두 그룹 중 하나로 나누려고 노력했지만 애매했다. 나중에 안 사실은 그 아이들은 시험에 대한 두려움이나 공포가 없었다. 있다 해도 매우 낮았다. 그러니 인지적으로든 무의식적으로든 반응할 필요가 없었던 것이다. 결국 세 그룹의 리스트가 만들어지고 관찰이 시작되었다.

관찰하면서 그룹의 특성에 명확하게 대표되는 학생들에게 '시험'에 대한 몇 가지 질문을 던졌다. 면담이나 상담처럼 공식적인 공간에서 질문하지 않았고, 쉬는 시간이나 점심시간 스치듯 지나가는 이야기중에 자연스럽게 물었다.

"시험 준비는 잘 돼가니?"

"요즘 공부는 어떻게 하고 있니?"

"요즘 시험공부 하느라 힘들지?"

이런 질문들을 던지면서 왜 두 그룹의 아이들이 다른 반응을 보이는지 알았다.

◌ 시험보다 시험에 대한 엄마 아빠의 반응이 두려운 아이들

우선 시험에 대해 인지적으로 접근하는 아이들은 '시험'에 대한 공포나 두려움이 '시험' 자체에 있었다. 즉 4주 뒤 마주할 시험을 어떻게 하면 잘 볼 수 있을까에 집중되어 있었다. 내가 원하는 시험 점수가 있었고, 그 점수를 맞기 위해 어떻게 해야 하는지 인지적으로 접근했다. 계획을 세우고 수정하면서 정해진 분량의 공부를 했다.

하지만 시험에 대해 무의식적 반응을 보이는 아이들은 공포나 두려움이 '시험'에 있지 않았다. 그 아이들은 엄마나 아빠의 반응을 떠올렸다. 시험을 잘 보지 못했을 경우 다가올 패널티, 엄마의 화난 눈동자, 아빠의 한심하다는 듯한 표정, 할머니의 잔소리 등을 떠올렸다. 그리고 마치 지금 교실에서 그런 꾸중과 표정과 표현을 마주하는 듯한 반응을 보였다. 바로 우울한 모드로 들어가거나, 손을 떨거나, 엎드려 잠을 자거나 각자 방어할 수 있는 최선의 수단으로 '신체화 반응'을 보였다.

무의식적인 빠른 행동을 보이거나 직관적인 행동으로 빠른 결정을 내리는 행위들은 대부분 생존과 긴밀히 연결된 반응들이다. 그만큼 일각을 다투는 급박하다는 뇌의 신호이다. 생각할 겨를이 없는 것이다. 생각을 하지 않고서도 올바른 결정을 내려야 한다는 부담감 또한 안고 있다.

아이들이 이렇게 즉각적인 반응을 하도록 만드는 위협의 말들은 그리 심각해 보이지 않는 표현들이다. 시험에 대한 극도의 스트레스로 즉각적인 반응으로 일관하던 한 아이는 아빠가 한 말을 직접 들려준 적이 있다.

"시험은 최소한 90점은 넘어야 되는 거야. 아빠는 어릴 적에 늘 100점, 아니면 95점이었다. 그래서 지금 이렇게 의사도 하고 있는 거야. 요즘 같은 세상에 의사 정도는 해야 그래도 크게 염려하지 않고 살 수 있어. 그렇지 않으면 세상 살기 힘들 거야."

사실 위 말에는 그 어떤 욕, 모욕적인 표현도 없다. 소리 지르거나 물건을 집어던지는 위협도 없다. 그냥 조용히 말해주었을 뿐이다. 하지만 아이는 학교에서 '시험'이라는 말을 들으면 높은 강도로 불안해했다. 인지적 판단을 멈추고 불안한 눈동자로 곁에 와서 반복적으로 물었다.

"선생님, 이번 시험 어려워요?"

"선생님, 시험 결과 나왔어요?"

"선생님, 이번에 90점 안 되는 과목 있어요?"

◌ 아이들이 공포를 끌어안고 살게 하는 표현들

아이에게 시험은 엄마 아빠의 실망감과 더불어 세상을 살기 어렵게 만드는 '생존'과 같은 것이었다. 사실 그런 생각에 잠식된 아이들에게 초등에서의 진단평가는 네가 듣고 생각한 것만큼의 큰 영향력을 주는 결정적 순간이 아니라고 말해줘도 아무 소용이 없었다. 그들에게는 엄마, 아빠, 할머니의 말이 정답이기 때문이다. 그들의 입장에서 보면 이제 곧 시험 점수에 따라 세상 살기 힘들어질 것이 명확했다. 그들이 그렇게 무의식적 반응으로 떨기에 충분했다. 왜냐하면 4주라는 준비기간은 남은 평생 살아갈 날을 안전하게 보장받기에 너무 짧은 시간이기 때문이다.

"사람 마음은 외부에서 이식된 답으로는 절대 정돈되지 않습니다. 답은 밖에서 오지 않고 언제나 내 안에서 발견돼야 내게 스미고 적용됩니다."

정혜신 선생님의《당신이 옳다》의 한 구절이다. 내면의 상처는 타인의 도움으로 치유되기보다, 스스로 직면하고 그 원인을 찾아야 해결된다는 의미이다. 그럼 자신에게 이런 질문을 던져보자.

'내면의 내가 나에 대한 해답을 찾고 바라보는 과정이
왜 그렇게 어렵고 힘들까?'

개인마다 다르겠지만, 대부분은 아주 큰 자물쇠로 내면의 문이 잠겨 있기 때문이다. 그 자물쇠의 이름은 '두려움', '불안', '공포'이다. 그리고 그 자물쇠의 견고함과 크기는 어떤 말을 듣고 성장했느냐에 따라 결정된다. 아이들에게 즉각적인 반응을 일으키는 공포를 평생 끌어안고 살게 하는 표현은 그리 어렵지 않다. 조용한 목소리로 말해도 된다. 표현이나 방법들은 다르지만 대체로 이런 표현으로 귀결된다.

"~~안 하면 넌 앞으로 세상 살기 힘들 거야."

◌ 그날 하루하루에 초점을 맞춘 말

아이들에게 조언이나 훈계를 하고 싶을 때는 '먼 미래'를 조건으로 하는 것은 효과가 별로 없다. 현재를 불안하게 만들 뿐이다. 불안이 클수록 무의식적 반응이 준비하고 있다. 오늘이나 내일은 잘했어도 언제 또 잘 못하는 순간이 오면, 자신의 미래는 살기 힘들다고 생각하게 된다. 그 누구도 매일 매일을 완벽하게 잘할 수는 없다. 가급적 그날 하루하루에 초점을 맞춘 말을 해주는 것이 좋다.

"오늘 할 일을 다 했구나. 정말 잘했다."

오늘 할 일을 다 못 했을 경우에는 못 한 이유를 물어봐주면 된다.

"오늘 학원 숙제를 다 못 했구나. 어떤 일이 있었니?"

아이가 숙제를 다 하지 못한 이유를 스스로 찾는 과정이 필요하다. 숙제의 양이 많았다거나, 스마트폰을 보느라 못 했다거나, 아팠다거나 나름의 이유가 있을 것이다. 그때 스스로 원인을 찾아내면 격려를 해준다.

"스마트폰 때문이었구나. 그래도 네가 원인을 알고 있으니 해결 방법도 찾을 수 있을 거야. 쉬운 일은 아니지만 네가 한번 조절해 보면 좋겠다."

아이들이 평소에 공포나 불안을 갖지 않게 하려면, 왜 본인이 오늘 해야 할 일을 다 할 수 없었는지 충분히 이야기를 들어주면 된다. 자신의 상황을 객관적으로 설명할 기회를 주는 것, 스스로 자기 조절을 시작할 수 있는 좋은 계기가 된다.

03

아이 존재 자체를 부정하는 말들°

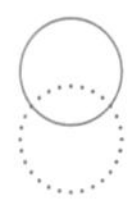

"아이의 존재감을 부정하는 표현은 어떤 심한 욕이 아니다. 아이의 질문 혹은 요청에 아무런 응답을 해 주지 않는 것이다."

○ 아이의 강한 욕망이 담긴 말들

신神에 대해 사유 및 인식하고자 하는 사조思潮 중에 '부정 신학 theologia negativa'이 있다. 신神은 초월적 존재이기 때문에 인간의 언어로 온전히 담아낼 수 없다고 전제한다. 그래서 인간이 신을 표현할 수 있는 방법은 부정否定을 통해 가능하다고 설명한다. 예를 들면 이런 것이다.

"신은 시간에 제한되지 않는다."

"신은 공간에 묶여 있지 않는다."

"신은 언어에 한정되지 않는다."

이렇게 부정否定적 서술어를 통해 신을 표현한다. 사실 이런 강한 부정적 표현의 이면에는 드러내고 싶은 무의식적 욕망이 있다. 정말로 '존재'한다는 강한 염원이 담겨 있다. 불완전한 요소들을 다 부정함으로써 마지막엔 완벽한 어떤 것만 남아 있다는 강한 존재의 표현이다. 아이들도 이런 부정 신학적 표현을 사용할 때가 있다.

"엄마, 나랑 놀면 안 돼?"

"아빠, 나 저거 사주면 안 돼?"

"오늘 짜장면 먹으면 안 돼?"

이 표현들은 부정 신학을 주장하는 신학자들보다 한 수 더 높은 차원이다. 왜냐하면 위 표현은 하고 싶은 것들을 먼저 부정함으로써, 진짜 하고 싶은 건 그것밖에 없다는 아이의 강한 욕망이 담긴 존재의 표현이기 때문이다. 이 표현이 주장하는 바는 이런 것이다.

"엄마, 나랑 놀면 안 되는 이유는 없는 거야. 그치?"

◌ 존재감을 드러내기 위해 애쓰는 아이들

우리 아이가 자신의 존재감을 느끼게 하려면 욕망이 담긴 부정적 표현들을 귀담아 들어야 한다. 욕망 자체가 온전한 존재감이라고까지 말할 순 없지만, 적어도 욕망하는 그 순간만큼은 아이들이 무의식적으로 자신의 존재감을 느끼는 것은 분명하기 때문이다. 반대로 그 무엇도 욕망하지 않는 순간은 극도로 '우울'한 상태임을 뜻하기도 한다. 아이의 존재감을 부정하는 부모의 표현은 어떤 심한 욕이 아니다. 아이의 질문 혹은 요청에 아무런 응답을 해주지 않는 것이다. 부모의 무응답은 아이들에게 이렇게 들린다.

"엄마 아빠는 너의 욕망에 관심이 없다."

부모가 아이의 욕망에 관심이 없을 때, 아이들은 어떻게 해서든 자신의 존재를 드러내기 위해 노력한다. 그 노력은 부모에게 인정받으려 애쓴다는 뜻이다. 위에서 언급한 부정 신학처럼 많은 것들을 하지 않으려 한다.

"나는 말썽을 피우지 않을 거야."
"나는 엄마를 힘들게 하는 일들은 하지 않을 거야."
"나는 다른 사람을 나쁘게 말하는 건 하지 않을 거야."

"나는 하기 싫다고 말하지 않을 거야."

이렇게 말하고 생각하며 이것들을 실천한다. 타인이 보기에 정말 좋은 사람이 된다. 하지만 이렇게 생각하고 행동하는 건 부정 신학에서 말하는 '완벽한 신'이 되겠다는 것과 같다.

"나는 부정적인 것들을 제거함으로써 완벽하게 이타적인 사람이 되는 거지. 그러면 엄마에게 인정받겠지."

정신분석적 측면에서 이런 사람들을 '인정중독자'라고 부른다. 자신의 욕망은 버린 지 오래고, 오직 타인의 인정으로부터 존재감을 찾고자 부단히 힘들게 노력하는 사람들이다. 모범적이고, 생각이 깊고, 부모에 대한 생각이 기특하다는 평을 듣는 아이들 중에 이런 모습이 많다. 부모님들이 보기에 대견하고 예쁠 뿐이다.

존재감 있는 언어로 말하는 연습

학교에서도 '인정중독' 아이들이 있다. 선생님을 대신해 다른 아이들을 관리하려고 한다. 선생님의 속을 썩이는 아이들을 한심하다는 듯 바라보고, 한 발 더 나아가 선생님을 위로하기도 한다.

"선생님 재네들 때문에 힘드시겠네요."

그렇게 말하는 아이에게 나는 이렇게 말해준다.

"너는 지금 뭘 하고 싶니?"

뜬금없이 뭘 하고 싶냐는 질문에 아이는 대답을 못한다. 자기가 뭘 하고 싶은지 그 욕망을 표현해본 지 너무 오래되었기 때문이다.

아이의 욕망이 없는 채, 그 욕망이 부모의 귀에 남지 않고 자주 흘려보내질 때, 또 그 상황이 반복될 때 아이는 뭘 하고 싶은지 모른다. 심층 심리를 다루는 서적 《누구의 인정도 아닌이인수, 이무석 공저》에 이런 구절이 있다.

> "'인정중독'은 타인에게 인정받을 때만 자신의 가치를 확인할 수 있는 심리 상태에서 생겨납니다. 나로 인해서 상대방이 기뻐하거나 만족할 때 안심됩니다. 사는 의미도 느껴집니다. 반대로 상대방에게 인정받지 못하면 자신이 아무런 가치 없는 존재로 느껴집니다."

아이들이 그 어떤 부단한 노력을 하지 않아도 그냥 존재감을 느낄 수 있게 해주어야 한다. 그렇게 어려운 일이 아니다. 아이들이 안 되냐고 물을 때, 한술 더 떠서 더욱 적극적으로 대답해주면 된다.

"아빠, 짜장면 먹으면 안 돼?"

"왜 안 돼? 탕수육도 시키자."

04

아이에게 깊은 상처를 남기는 말들

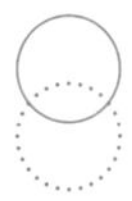

"나름 신경도 쓰고, 최선도 다 했고, 인정받기 위해 무언가를 해온 고심한 노력이 있었지만, 아주 간단한 말로 그것들이 무너졌을 때 이는 상처로 다가온다."

아이들에게 가장 상처가 되는 말들

아래 적힌 말 중에 아이들에게 가장 깊은 상처를 남기는 말은 무엇일까? 천천히 소리 내어 읽으면서 그 말이 가진 무게감을 느껴보자.

"걔는 벌써 다른 문제집 푼다더라."

"왜 이런 걸 100점도 못 맞냐?"

"그래가지고 뭘 할 거냐?"

"지저분하게 그게 뭐야."

"왜 그것밖에 못해?"

"니가 만든 건 왜 다 그러냐?"

"좀 씻어라."

"너 이것밖에 못 그렸냐!"

"넌 몰라도 돼!"

"넌 대체 잘하는 게 뭐냐!"

"이렇게 해서는 대학 못 간다."

"넌 왜 눈치가 없냐?"

"니가 그랬지!"

"소심하기는……."

"뚱뚱하니까 인기가 없지."

"도무지 이해가 안 된다."

"잘 알지도 못하는 게 잘난 척은"

"못생겼다."

"고집이 세네."

"머리에 뭐가 들었냐?"

"입만 살아가지고."

"생각 좀 해라."

"바보같이……."

"동생도 하는데……."

"반장도 못 하냐?"

여기서 아이에게 가장 상처가 될 것 같은 말은 무엇일까? 사실 모두 다 상처를 주는 말들이다. 이유는 간단하다. 위에 적은 말들은 학생들에게 적어내라고 한 설문에 등장하는 표현이기 때문이다. 지금까지 내 마음을 가장 아프게 했던 말을 적어보라고 했을 때 아이들이 적어낸 말이다. 사실 여기 적은 말들보다 더 심한 말들도 많다. 말뿐 아니라 어떤 표정, 행동을 적은 아이도 있었다.

직접적인 심한 욕설을 뺀 이유는 많은 학부모님들이 때리거나 욕을 하지 않으면 그리 상처가 되지 않을 거라고 생각하기 때문이다. 욕설은 없지만 감정이 좀 상했을 거라고 생각하는 말들만 골랐다. 그런데 아이들 입장은 다르다. 감정이 좀 상하는 정도가 아니라 가장 상처가 되는 말이었다. 설문을 마치고 아이들이 하교하는데 한 학생이 다가와서 말했다.

"선생님이 적으라고 해서 적었는데 갑자기 서러움이 몰려왔어요."

○ 아무렇지 않게 건넨 결과 중심의 말들

아이는 그렇게 말하며 눈물을 글썽였다. 서러움이라는 단어가

주는 의미는 '과정'을 알아주지 않았다는 뜻이다. 다시 한 번 위 표현을 읽어보면 대부분 결과에 대한 평가였다. 나름 신경도 쓰고, 최선도 다 했고, 인정받기 위해 무언가를 해온 고심한 노력이 있었지만 아주 간단한 말로 그것들이 무너졌을 때, 이는 상처로 다가온다.

"마음에 상처를 받으면 아프고 창피할 뿐만 아니라 분노, 복수심, 반항심이 솟구칩니다."

배르벨 바르데츠키의《따귀 맞은 영혼》의 한 대목이다.

가끔 학부모 상담 중에 아이의 분노, 짜증, 복수심, 반항심 등을 그냥 대수롭지 않게 말하고 넘어가는 경우를 마주한다.

"우리 효정이가 요즘 사춘기가 와서 그런가봅니다."

그렇게 말하는 표정에서 무언가를 들킬까 봐 마치 재빨리 이유를 만들어내는 모습을 보이기도 한다. 마치 잘못한 어떤 초등학생의 변명처럼 들릴 때가 있다. 물론 교사로서 가만히 듣고만 있다. 정말 그럴 수도 있으니까. 하지만 그분들께는 이런 말씀을 드리고 싶다.

"사춘기라고 해서 모든 아이들이 다 짜증을 내고, 분노하는 마음을 표출하고, 민감하게 반항하는 모습을 보이는 것은 아닙니다. 안타깝지만 상처받은 아이들은 사춘기가 오려면 아직 한참 더 기다려야 합니다. 그들의 상처받은 내면은 아직도 한참 어린아이로 있을 뿐입니다."

◌ 상처 주는 말도 자주 하다 보면 습관이 된다

자신의 정체성을 찾아가며, 주체적 자아로서 홀로서기를 하는 과정인 사춘기를 제발 아무 때나 가져다 사용하지 않았으면 좋겠다. 그보다는 아무렇지 않은 듯 내뱉었던 결과 중심의 평가가 담긴 감정 표현에 더욱 집중해야 한다. 진짜 원인은 사춘기가 아닌, 그들이 그간 받아온 '언어의 칼날'에 있다. 종이에 살짝 베어 보일 듯 말 듯한 상처에도 쓰라림은 있다. 상처 주는 말도 자주하다 보면 '습관'이 되고, 습관이 되면 내가 무슨 잘못을 하고 있는지도 의식하지 못한다. 어떤 말이 우리 아이에게 상처를 주는 말인지 잘 모르겠다면, 한번 직접적으로 물어봐도 된다.

"미경아, 혹시 유치원 다닐 때 엄마가 한 말 중에 아주 많이 속상했던 거 있니?"

의외로 전혀 상상하지 못했던 말을 듣게 될 수도 있다. 혹은 기억나지 않는 걸 말할 수 있다. 우리는 기억을 못하지만, 상처받은 아이는 생생하게 기억하고 있기 때문이다. 그리고 말한다.

"그땐 서러웠어요."

05

누군가를 험담하는 어른의 말들°

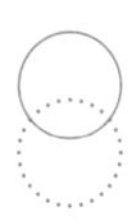

"비판 또는 비난하고자 하는 사람에 대한 정서적 공감, 애정 또는 잘되길 바라는 뭔가 일말의 작은 바람이 없다면 그건 '험담'이 된다."

친구를 험담하는 아이들

친구를 험담하는 아이들이 있다. 험담하는 이유를 대부분 이렇게 말한다.

"그냥 장난인데요."

"선미가 먼저 그런 말을 퍼뜨렸어요."

"그거 진짜예요. 거짓말하는 거 아니에요."

"그냥 그랬다는 거지, 뭐 욕한 건 아니에요."

누군가를 험담하는 아이들의 무의식에는 여러 가지 요인들이 종합적으로 작용한다. 우선 첫 번째 요인은 '소속감'이다. 험담을 공유해서 우리만 아는 비밀을 간직했다는 '같은 편'이라는 소속감을 인위적으로 생성한다. 이렇게 소속감을 형성해 놓으면 그 무리에서 함부로 빠져나갈 수 없다. 빠져나가려고 시도하는 순간 자신도 그 험담의 표적이 될지도 모른다는 두려움이 계속 마음속에 머무르기 때문이다.

실제 그러한 이유로 어쩔 수 없이 끌려다니며 자기도 모르게 누군가를 험담하는 과정을 배우고 그대로 하는 아이들이 있다. 타깃이 정해지면 일단 돌아가면서 그 아이에 대한 안 좋은 이야기를 찾아내거나 만들어서 공유한다. 그리고 어느 순간 그러한 행위에 대해 무감각해지고 심지어 즐겁게 느낀다. 일종의 재미 정도로 생각하는 것이다.

두 번째 요인은 '존재감'이다. 누군가를 험담하면 그 순간 타인의 시선을 끈다. 나의 이야기를 듣는 친구들을 보면서 왠지 모를 우월감, 또는 인기와 같은 존재감을 느낀다. 더욱 자극적이고 더욱 부풀려진, 혹은 과장된 또는 '~했을지도 모른다'는 추측성 발언으로 내용을 극대화한다. 내용의 진위 여부를 떠나서 얼마나 흥미진진하게 이야기하느냐에 따라 재미가 결정된다. 그 과정에서 수치감을 느낄 대상에 대한 안위는 없다. 어떤 영화나 드라마의 극 중 인물 정도로 생각하는 것이다.

세 번째 요인은 '복수'다. 아이들마다 마음에 안 드는 누군가 있다. 나보다 더 칭찬을 받는다던가, 나의 감정을 자극하는 행동을 하는 대상이 있다. 상대 친구는 아무렇지도 않게 뱉은 말이지만 아이의 마음에는 깊은 분노로 자리하고 있는 경우가 있다. 그럴 때 보이지 않는 복수의 방법으로 '험담'을 선택하기도 한다. 일단 험담하는 순간 기분이 풀어지면서 그 아이를 난처하게 만드는 상황을 점차 확대시킬 기회가 생긴다. 예를 들어 이런 식이다.

"영민이는 화장실에서 쉬 하고도 손을 안 씻어. 그러니까 영민이 손이 닿는 곳이면 다 오염되는 거야."

한번 다른 친구들에게 각인된 험담은 1년간 다른 아이들에게 영향을 준다. 영민이는 지저분한 아이고, 같이 놀면 왠지 꺼림칙하다는 인식을 심어주는 것이다. 이런 상황을 보면서 복수하고자 했던 아이는 일종의 만족감을 느낀다.

그런데 꼭 많은 아이들이 위 세 가지 요인만으로 타인을 험담하는 것은 아니다. 몇 명 소수가 시작해 확대된다. 누군가를 욕하거나 때리는 상황은 외부로 금방 드러나기 때문에 적절한 시기에 적절한 개입이 그나마 용이하다.

하지만 험담의 경우 빠른 시간 안에 개입하지 않고 차단하지 않으면 많은 아이들이 상처를 받는다. 그 상처와 분열을 1년 안에 조정하기가 만만치 않다. 그래서 누군가를 험담하는 것 같은 뉘앙스가 보이면 일단 바로 개입해서 사실 여부를 확인한다. 담임교사가 적극적으로 개입하는 모습을 보이는 것만으로도 교실 내 험담은 현격하게 줄어든다.

어른들의 험담에 노출된 아이들

누군가를 험담하고, 그러한 분위기로 학급 전체를 휘감고자 하는 소수의 아이들은 왜 그러한 방식을 선택했을까? 이유는 그리 먼 곳에 있지 않다. 누군가가 그렇게 하는 것을 보고 들었기 때문이다. 학생을 면담하는 데 아이가 이런 이야기를 한 적이 있다.

"아빠는 무책임한 사람이에요."

아이가 스스로 느끼고 이야기한 말일 수도 있다. 그런데 그러한 경우는 본인이 직접 보고 느낀 것을 이야기한다. 말투에 본인 특유의 감정이 드러난다. 하지만 대부분의 경우 그 아이의 목소리가 들리지 않는다. 누군가 그렇게 이야기한 톤으로 말한다. 이런 말들은 보통 아이 주변 누군가가엄마, 아빠, 할머니, 이모, 삼촌 그렇게 말했을 가능성이 높다. 실제로 누구라고 말해준 적도 있다.

"엄마가 그러는데 체육 선생님은 기간제래요."

부모 입장에서 정말 무책임한 사람에 대해 무책임하다고 말하는 것은 거짓이 아니며 나쁜 말이 아니라고 생각할 수 있다. 체육 선생님이 기간제 교사라는 사실은 거짓이 아니며 있는 그대로를 알려주었을 뿐이라고 말할 수 있다. 일가친척 중에 정말 나에게 부당한 대우를 한 사람이기에 그런 사람이라고 말했을 뿐이라고 생각할 수 있다.

하지만 그렇게 말한 부모 내면의 의도는 다르다. 무책임하다는 표현으로 상대방에 대한 간접적인 복수가 가능하며, 체육 선생님이 맘에 들지 않으면 너도 적당히 함부로 해도 된다는 에두른 표현이다. 그리고 네 할머니는 엄마에게 이렇게 안 좋은 소리를 한 사람이니, 너도 좋아하지 말아야 한다는 일종의 협박이다.

◌ 가르치지 않아도 바람직한 역할을 보여주기

아이 앞에서 다른 누군가에 대한 비판할 때, 항상 염두할 것이 있다. 그 비판하고자 하는 대상에 대해 내가 어느 정도 애정을 갖고 있느냐이다. 비판 또는 비난하고자 하는 사람에 대한 정서적 공감, 애정 또는 잘되길 바라는 일말의 작은 바람이 없다면 그건 '험담'이 된다.

상대에 대한 애정이나 바람이 있다면 대부분은 당사자와 이야기를 한다. 굳이 제3자에게 말하지 않는다. 특히 어린아이 앞에서 한다고 해서 조언을 얻을 수 있는 것도 아니다. 대부분의 목적은 결국 '험담'에 머무른다.

아이 교육의 첫 번째 책임은 '부모'이다. 그 첫 번째 책임을 잘 시행하는 방법은 '역할모델'이다. 시간을 내 가르치지 않아도, 바람직한 역할을 수행하는 모습만으로도 아이 교육의 90퍼센트 이상이 결정된다. 이렇게 생각할 수도 있다.

'가정생활, 사회생활 하다보면 스트레스도 쌓이고 누군가 험담하면서 풀 수도 있지.'

맞다. 그럴 수 있다. 그런데 아이 앞에서는 지양하는 것이 좋다. 진짜 문제 해결은 당사자와 만나서 이야기하는 '용기'에서 시작된다. 우리는 우리 아이들이 스트레스를 받는다고, 지금 우리들처럼 누군가를 험담하는 데 멈춰 살기를 바라지 않을 것이다. 오히려 좀 더 당당해지기를 바랄 것이다. 그러자면 부모인 나부터 시작이다. 용기를 내지 않으면 우리 아이들이 배우는 수준은 딱 그 정도에 멈춘다.

06

아이의 감정을 억압하는 말들

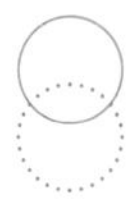

"감정은 중요하다. 어떤 감정이든 그 감정은 존재하는 이유가 있다."

감정에 대한 우리의 인식

'감정'이라는 말을 들으면 어떤 이미지가 떠오르나? 이미지라는 표현이 어렵다면 어떤 단어가 떠오르나? 우리는 감정과 관련된 단어를 10개 이상 떠올릴 수 있을까? 아래 단어들을 읽기 전에 먼저 감정과 관련한 단어들이 잘 떠오르는지 살펴보길 바란다. 심리치료 중에 '감정카드'를 이용한 치료과정이 있다. 여기에 사용하는 감정카드의 내용들을 보면 아래와 같은 내용들이 적혀 있다. 너무 많아서 그중 몇 가지만 적어보겠다.

화남, 기쁨, 우울함, 짜증남, 긴장함, 슬픔, 기대됨, 뿌듯함, 귀찮음, 무서움, 억울함, 서운함, 막막함, 절망적임, 부러움, 놀라움, 괴로움, 부끄러움….

감정과 관련한 단어를 10개 이상 쉽게 떠올릴 수 있어도 한국에서는 감정이 풍부한 사람이라고 인정받는다. 그런 부모님들은 이 내용을 읽지 않고 다음 내용을 읽어도 된다. 그분들은 적어도 아이들의 감정을 잘 인식하고 받아주었을 가능성이 높다.

하지만 감정 단어 10개 떠올려보는 일은 생각보다 쉽지 않다. 이유는 그동안 '감정'에 대해 긍정적이기보다는 부정적으로 바라보는 시선들이 많았기 때문이다. 한국에서 대부분의 사람들은 '감정적'이란 표현을 좋지 않은 의미로 해석한다. 그래서 감정에 휩쓸리기보다 이성적으로 판단하기를 원한다. 또 그렇게 가르친다. 덕분에 자신의 감정에 대해 살펴보기보다 일단 눌러버리는 데 익숙하다. 사실 감정은 이성보다 앞선다. 심지어 이성보다 어떤 선택과 결정을 하는 데 중요한 역할을 한다.

〈EBS 포커스〉 프로그램에서 한 가지 실험을 했다. 두 개의 방A,B에 여러 개의 잼을 놓고 선택하는 단순한 실험이었다. A방에 있는 잼에는 성분과 관련한 객관적이성적 자료당도, 염분, 열량, 농도를 붙여 놓았다. B방의 잼에는 감정적 단어텁텁함, 산뜻함, 불쾌함,

행복함를 잼에 붙여 놓았다. 사람들이 어느 방에서 선택을 더 빠르게 하는지 알아보는 실험이었다. 결과는 이성적 자료를 바탕으로 선택하는 데 평균 2분 8초, 감정적 선택은 평균 1분 50초 정도 걸렸다. 즉 이성보다 감정을 통해 선택할 때 결정이 더 빨랐다. 이성보다 감정이 더 앞서며 선택이 용이함을 의미한다.

◌ 감정은 우리 생활에 큰 영향을 준다

살아가면서 많은 경우 감정에 따른 선택과 결정들이 이루어지지만, 정작 이러한 감정을 소중하거나 중요하다고 생각하지 않는다. 그보다는 감정이 앞섰기 때문에 일을 그르쳤다고 생각한다. 우리는 감정이 중요하다고 생각하지 않고 살아왔기 때문이다. 이제 생각을 바꿔야 한다. 감정은 정말 중요하다. 그 이유는 간단하다. 대부분 감정을 느끼고 있는 자신을 살아있다고 여기기 때문이다.

폭력을 반복적으로 행하는 아이들은 분노와 화의 감정을 느낄 때 그나마 주변으로부터 관심받고 자신이 살아있음을 역동적으로 느낀다. 그래서 그 상황에 자주 빠져든다. 대부분의 대인관계에서 어떤 문제가 있는 경우, 우리는 감정이 상했다고 표현한다. 이성적理性的 문제 상황에서 대인관계를 어려워하는 것이 아니다. 차라리 이성적인 문제들은 해결이 쉽다. 논리적이고 누가 봐도 객관적으로 만드는 건 그리 어렵지 않다. 하지만 이성적으로 완벽하게 상황을 정리해도 감정이 정리되지 않으면, 우리 마음속에서는 아직 끝난 것이 아니다. 그만큼 감정은 우리 생활에 지대한 영향을 준다.

안타깝게도 기성세대 대부분 '감정'을 어떤 참아야 하는 대상, 인내해야 하는 대상으로 교육받아 왔다. 그리고 알게 모르게 같은 방식으로 아이들에게 가르친다. 또는 그 반대급부로 감정은 쌓아두면 안 되기 때문에 어떻게든 쏟아내라고 가르친다. 사실 그 둘은 같은 교육방식이다. 단지 동전의 양면처럼 앞뒤로 붙어 있을 뿐이다. 감정은 참아야 할 대상도, 쏟아내야 할 대상도 아니다.

일단 감정의 출발점을 인정해주어야 한다. 내 안에서 올라온 감정을 일단 '네가 시작되었구나'로 인정해주는 것부터가 시작이다. 그 감정을 눌러버리는 것부터 시작하면 많은 경우 자신의 존재감이 통제당한다고 느낀다.

아이의 감정을 억압하는 말들

어떤 감정이든 그 감정은 존재하는 이유가 있다. 그리고 그 감정을 우리 스스로 조절할 수 있어야 한다. 이 '조절'에 초점이 맞춰져야 한다. 감정을 쏟아내야 할 때와 잠시 지연해야 할 때를 구분해야 한다. 이러한 감정 조절에 있어 가장 필요한 사안은 '감정 읽기'다. '감정 알아차리기'라고도 한다. 그런데 많은 경우 아이들이 자신의 감정을 읽어내거나 알아차려야 하는 시기에 부모님들은 이렇게 억압하며 말한다.

"지금 네가 뭘 잘했다고 신경질이야!"

"그렇게 바보같이 울고만 있지 말고 말을 하라구 말을."

"지금 그렇게 한가하게 누구를 좋아할 때가 아니야. 공부에만 집중해야지."

위와 같은 표현 속에서 아이들은 자신의 감정을 소중하지 않은 어떤 것들로 인식한다. 자신의 감정이 소중하지 않은 것이라고 단정짓는 순간, 자신의 존재감도 마찬가지라고 생각한다. 왜냐하면 자기 자신은 별것 아닌 것들로 가득찼다고 느끼기 때문이다. 사실 아래와 같은 말도 별반 다르지는 않다.

"울어. 울어. 그냥 실컷 울어."

"속이 시원해질 때까지 그냥 소리지르게 놔둬."

"화가 풀릴 때까지 그냥 화내라고 해."

이 경우는 감정을 억압하지 않는다고 생각하지만 결과는 같다. 네 안에 있는 감정들은 쓰레기 같은 것들이니까 다 꺼내서 버릴 때까지 놔두라는 표현과 비슷하다. 아이는 자신의 감정을 하찮게 생각하고, 자신은 그런 것들이 가득찼으니 어떻게든 알아서 비워야 하는 그런 사람이 된다. 한편 억압도 아니고 맘대로 쏟아내는 것도 아닌 대화도 있다. 이것 역시 별반 도움이 안 되는 표현들이다.

"울었다구? 왜 울었는데?"

"화가 난다구? 이유가 뭔데. 뭐 때문에 화가 난 건데. 화낸다고 해결이 되니?"

"친구랑 싸워서 속상하다구? 그러니까 싸우지 말고 대화로 해결해야지."

"슬퍼한다구 해결되지 않아. 문제를 하나씩 해결해야지."

우리는 대부분 감정이 일어난 그 상황에 집중하기보다 해결 과정에 초점을 맞춘다. 이것 역시 감정이 소중하다는 인식이 없기 때문이다. 빨리 잊어버리고 이성적인 자세로 돌아가라는 메시지를 보낸다. 즉 너의 감정은 별로 중요하지 않으니 빨리 논리적이고 이성적인 해결책을 찾으라는 것과 다르지 않다. 마찬가지로 아이의 감정 또한 중요하게 다루지 않는다.

◌ 지금 느끼는 감정이 무엇이든 공감하고 인정하기

감정 억압이든, 감정을 풀어버리라고 하든, 이성적으로 빨리 전환하라고 하든 모두 다 감정 조절에 도움이 되지 않는다. 감정 조절에 도움이 되는 첫 번째는 지금 네 감정이 소중하다는 느낌을 받는 것이다.

"화가 많이 났구나. 화가 날 수밖에 없는 상황이네. 그래… 그중에 제일 화가 난 순간이 언제야?"

화가 난 상황을 공감해주면서, 감정의 상태에 좀 더 구체적으로 다가가려는 자세를 보여야 한다. 그 과정에서 어떤 감정의 순간에 무엇을 조절해야 하는지 경계선을 알려주면 된다. 이는 한 번에 되지 않는다. 그러나 아이에게 자신의 감정이 존중되었다는 느낌, 그리고 그 감정을 어느 정도의 행동으로 표출해도 되는지에 대한 한계 인식 과정이 아이에게는 안전감을 준다.

내 감정을 내가 조절할 수 있다는 인식은 엄청난 '자기 조절감'으로 자리하고, 이는 아이의 자존감에 긍정적인 영향을 준다. 감정은 '억압, 방임, 문제해결'의 과정이 아닌 '인정, 조절'의 과정임을 꼭 기억하길 바란다.

07

차분하게 말하지만 상처가 되는 말들°

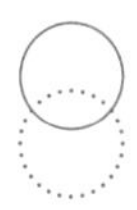

"차분하게 말하지만 상처가 되는 이유는 차분함을 통해 저항할 수 없는 강한 통제가 전달되기 때문이다."

◌ 차분하게 말한다고 다 따듯한 말은 아니다

보통 점심시간을 이용해 학생 상담을 한다. 그런데 6학년 민영이가 학교 끝나고 면담을 하고 싶다고 전해왔다. 학교 끝나고 면담을 하고 싶다는 말을 들으면 담임으로서 긴장이 된다. 보통 빨리 해결될 만한 일들이 아니기 때문이다.

학급 아이들이 다 집에 가고 빈 교실에서 민영이가 말했다.

"선생님, 집에 가면 숨이 막혀 죽을 거 같아요."

민영이의 말을 들으면서 나 또한 숨막힐 것 같은 가슴 압박과 통증을 느꼈다. 숨막혀 죽을 것 같다는 아이의 표정과 목소리가 숨막힐 정도로 차분했기 때문이다. 보통은 그 정도의 표현이라면 이미 눈물이 주르르 흐르고 있어야 했다. 또는 얼굴 표정이 정말 답답하다는 듯이 일그러져 있어야 했다.

하지만 민영이는 표정이 없었다. 민영이는 그렇게 답답하다고 말하는 엄마의 목소리를 본인이 똑같이 내고 있었다. 본인만 그 사실을 모르고 있었을 뿐, 이미 민영이는 없었다. 차분한 엄마의 목소리와 표정이 민영이를 덮어버렸다. 그 차분함 속에는 냉기가 돌았다.

차분하게 말한다고 해서 모두 다 따뜻한 것은 아니다. 차분하면서 따뜻하고 향기까지 난다면 참 좋겠지만 차분하면서 차가운 경우도 많다. 화난 감정을 지나치게 억제하면 다른 감성마저 함께 통제의 대상이 되어버린다. 남는 건 차분함뿐이다. 따뜻하지도 않고 향기는 기대조차 할 수 없다. 강바닥에 차분한 물이 유영하듯 흘러야 하는데, 그냥 차분하게 물이 꽁꽁 얼어 있는 것과 비슷하다.

비슷하게 차분하게 말하는 학부모가 있다. 그만큼 자기 자신을 감정으로부터 통제하고 있다는 의미다. 감정은 통제의 대상이 아니다. 조절의 대상일 뿐이다. 자신의 감정을 통제하는 사람은 그 통제의 기준으로 타인을 조종하는 방향으로 나아간다.

그래야 안정감을 느끼기 때문이다. 차분함을 유지하는 기저에는 내가 화를 내지 않으니 너도 내면 안 된다는 강한 압박이 숨어 있다.

감정을 통제한 차분함의 독

감정 통제를 통한 차분함은 그 자체로 아이에게 상처가 되기도 한다. 엄마, 아빠 입장에서는 분명 소리치지도 않았고, 때리지도 않았고, 욕하지도 않았다. 나름 인내심을 잘 발휘해 이야기했다고 생각한다. 오히려 부모 입장에서 보면 아무런 죄책감도 들지 않는다. 차분했으니까.

그런데 아이에게 상처가 된다. 왜 그럴까?

비유적으로 설명하자면 이렇다. 칼자루를 쥐고 감정이 격해진 채 마구잡이로 휘둘렀다고 치자. 당연히 그 칼에 찔리거나 베이면 상처가 된다. 자칫 아주 위험한 상처가 될 수 있다.

반대로 칼자루를 쥐고 마구잡이로 휘두르지는 않았다. 대신 차분하게 천천히 그리고 깊숙이 찔러 넣었다면? 어떤 경우든 상처가 나고 위험한 상황이 된다. 칼을 갑자기 세게 휘두르든, 칼을 천천히 깊게 찌르든 칼날은 칼날이다. 그 자체로 언제든 상처를 줄 수 있다.

상처는 차분했느냐 차분하지 않았느냐의 문제가 아니다. 칼을 쥐고 있느냐 쥐고 있지 않느냐의 문제다. 차분하게 말했지만 더 큰 공포감과 무력감을 안겨주는 경우는 얼마든지 많다. 다음의 표현들이 차분하게 전달된다고 가정해보자.

"엄마가 힘든 건 너 때문이야."

"엄마 없이 너 혼자 살아봐."

"누구 때문에 엄마가 아픈 걸까……."

"그런 점수를 받아왔구나."

"음…… 그랬다 이거지."

차분하게 말하지만 상처가 되는 이유는 차분함을 통해 저항할 수 없는 강한 통제가 전달되기 때문이다. 저항해 보거나 반항 혹은 도망쳐볼 엄두도 내지 못한 채 칼에 찔리고 있다고 생각하면 된다.

이런 유형의 통제를 받아온 아이들은 학급에서 다른 아이의 감정을 읽어내지 못한다. 부모의 표정과 말투를 통해 감정을 읽는 기회가 거의 없었기 때문이다. 결국 친구가 화가 났는지, 우울한지, 기쁜지 잘 모른다. 그래서 자신이 하는 행동과 말이 타인의 감정에 어떤 영향을 주는지도 가늠하지 못한다.

특히 친구가 옆에서 울고 있음에도 전혀 개의치 않는다. 그런 모습을 볼 때면 무서운 생각마저 든다. 만약 그 상태로 어른이 되어버린다면, 어른이 되어 누군가를 책임져야 할 위치에 있다면 그 아래에 있는 사람은 정말 숨이 막힐 것이다.

○ 언제나 정서적 표현이 먼저

"인간은 누구나 자신의 태도를 정당화해줄 수 있는 생각은 붙잡고, 방해되는 생각은 거부한다."

심층 심리학자 알프레드 아들러의 《항상 나를 가로막는 나에게》의 한 구절이다. 매사에 차분해야 한다고 생각하는 것은 자신의 태도를 정당화하기 위한 하나의 수단에 불과하다. 그들에게 진심은 중요하지 않다. 방해되는 느낌과 감정은 거부한 채 자신의 목적이 최우선이다. 하지만 차분함에 앞서 필요한 것이 있다. 바로 정서적 표현을 먼저하고 그 뒤에 차분한 언어를 사용하는 것이다.

"엄마 몰래 스마트폰을 보고 있다니… (약속을 어겨서 화가 나는구나.) 안타깝지만 이틀 동안은 스마트폰 없이 지내야 해."

위 표현 중 ( ) 안에 들어간 부분이 정서적 표현이다. 화가 나는 엄마의 감정 그리고 스마트폰을 당분간 회수할 수밖에 없는 안타까운 심정이 표현되었다. 적어도 정서적으로는 엄마의 감정이 드러나는 부분이다. 아이들은 이 정서적 표현에 온기를 느낀다. 그 온기가 아이가 스마트폰을 압수당하는 상황에서도 상처받지 않게 지켜준다.

08

아이 스스로를 탓하게 만드는 말들

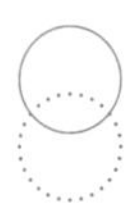

"아이들에게 '자책'은 자신의 잘못에 대한 인정이 아니라, 일이 일어나기 전에 미리 하는 일종의 '변명'이다."

사과할 줄 아는 아이 VS 잘못을 감추는 아이

누구나 실수를 한다. 잘못도 한다. 어린아이일수록 그런 빈도와 확률이 높다. 알아도 아직 의지력이 부족하거나 자기 조절이 어렵다. 또 익숙하지 않아 실수가 발생하기도 한다. 한편 알지 못해서 무엇을 잘못하고 있는지도 모른 채 일을 저지르기도 한다. 잠시 후 엄마나 아빠가, 또는 학교에서 선생님이 상황을 발견하게 된다. 그때 아이들은 어른들의 심각한 표정을 보고서 직감한다.

'내가 무언가 잘못했구나'

아직 어린아이기 때문에 분명 실수하고 잘못할 수 있다. 그런데 모든 아이들이 자신의 잘못을 알게 되거나 들켰을 때, 똑같은 반응을 보일까?

그렇지 않다. 많은 다른 반응들이 나온다. 들키는 그 순간 덜컥 겁이 나기 때문이다. 그리고 나름대로 대처하는 표현을 한다. 중요한 건 그러한 상황을 마주했을 때 사과할 줄 아는 아이인지, 아닌지는 아이의 심리적 건강에 큰 차이를 보인다. 사과하는 아이들의 표정은 두렵지만 그래도 간결하다.

"죄송해요."

"앞으로 안 그럴게요."

"잘못했어요."

"제가 그랬어요."

사과할 줄 아는 아이는 잘못했어도 괜찮다. 변화의 여지가 있고, 자신을 객관적으로 바라볼 수 있다. 더 나아가 자신의 감정을 조절하고 있다고 보아도 된다. 또 상황을 직면하는 용기도 있다. 사과하는 일은 그만큼 대단하면서도 어려운 일이다. 하지만 사과와 비슷하지만 전혀 다른 표현들이 있다.

"어쩔 수 없었어요."

"내가 그런 것 같아요."

"일부러 그런 건 아니에요."

"깜박하고 그런 거예요."

잘못을 인정하는 듯하지만 심리적으로는 회피에 더 가깝다. 사실 이 정도 수준의 방어기제를 보이는 것도 양호한 편이다. 그래도 일단 자신의 행위 자체를 부정否定한 것이 아니기 때문이다. 하지만 당황한 나머지 거짓말하거나 아예 기억을 왜곡시키는 경우도 있다. 아니 많다.

"효은이가 그랬어요."

"기억이 안 나요."

"내가 한 거 아니에요."

"몰라요."

"영수가 먼저 그런 거예요."

"민철이가 시켰어요."

이렇게 자신의 잘못을 감추거나 부정하는 경우, 또는 다른 사람에게 전가하는 경우, 아이의 긴장도가 높다는 걸 의미한다. 여기서 말하는 긴장은 단순히 혼날 것 같아 생긴 긴장이 아니다. 타인에 대한 신뢰도가 낮기 때문에 필연적으로 따라오는 불안을 의미한다. 그런 긴장감은 어른들이 생각하는 것보다 훨씬 높고 일상생활에 깊게 관여된다. 차라리 어느 정도로 혼날지 명확히 안다면 덜 불안하고 긴장감도 낮다. 얼마만큼 견디면 되는지를 가늠할 수 있기 때문이다. 진짜 불안한 건, 그리고 긴장도를 높이는 건, 이 상황이 언제 어떻게 끝날지 모를 때다. 그래서 일단 아주 강하게 눈을 감듯이 외면해버린다.

○ 자책하는 아이들과 부모의 감정 표현

이런 긴장도가 높은 아이들의 특징이 있다. 문제가 발생했을 때에 직면하기를 매우 어려워한다. 심하면 순간적인 공황 상태의 모습을 보이기도 한다. 일반적으로는 책임을 타인에게 전가한다. 또는 부정 및 왜곡도 거리낌없이 시도한다.

한 가지 더 유념해야 할 것은 일상생활에서의 태도다. 이 아이들은 문제가 없는 상황에서도, 또 아무 잘못이 없음에도 미리 방어기제가 섞인 표현을 자주 한다. 그건 바로 '자책'이다.

"내가 바보라서요."

"맨날 나 때문에 안 돼요."

"역시 안 돼요."

"내가 그걸 어떻게요?"

"실수할 것 같아요."

"어려울 것 같아요."

"정말 어이없죠."

"멍청해요."

왜 그럴까? 왜 아이들은 아직 아무런 잘못도 하지 않았는데 이런 말들을 평소에 자주 하는 걸까? 그것은 어차피 언젠가 마주해야 할 잘못에 대해 미리 이유를 알려주는 것이다. 난 이런 사람이니까 잘못을 저지르더라도 이해해달라는 사전 안내와 같은 말이다. 이 아이들에게 자책은 자신의 잘못에 대한 인정이 아니라, 일이 일어나기 전에 미리 하는 일종의 변명이다.

아이들이 '자책'을 자신의 방어기제로 사용하는 기저에는 부모의 감정적 표현들이 숨어 있다. 그건 위에서 언급한 자책하는 말들을 부모의 감정 표현으로 바꾼 것과 똑같다.

"너 바보같이."

"맨날 너 때문에."

"역시… 또 그랬구나."

"네가 그걸 할 수 있겠어?"

"이번에도 실수하기만 해봐."

"그렇게 쉬운 걸 못해?"

"정말 어이없네."

"멍청한."

이때 부모들은 말한다.

"이 정도 작고 사소한 감정 표현도 못하고 어떻게 아이를 키우죠?"

아이를 존중해주고 믿어주는 말들

그 심정 충분히 공감한다. 부모도 감정이 있으니까, 그리고 의지에 한계가 있으니까. 하지만 아이들은 엄마 말에, 부모의 말에 무게감을 둔다. 친구가 나에게 '바보'라고 한 것과, 엄마가 나에게 '바보 같다'라고 한 말의 무게감은 전혀 다르다. 대부분 친구가 그렇게 말하면 저항하거나 싸우거나 화를 낸다. 그런데 엄마가 말하면 아이는 겉으로 화를 내는 듯해도, 스스로를 그렇게 조각해버린다.

부모로서 아이를 존중해주고 믿어주는 말들의 시작은 사소한 감정마저도 세밀하게 조절해보려는 엄마의 인식에 있다. 아이들은 엄마가 나를 위해 감정을 조절하려는 그 모습을 보고 존중받음을 느낀다.

감정이 좋을 때 '사랑한다'는 말은 누구나 할 수 있다. 아이들은 자신이 무언가 잘못한 순간, 자신에게 작은 말도 아껴서 하는 엄마의 그 말에서 사랑받음을 느낀다. 우리 아이들이 소중한 존재임을 증명하는 말을 해주는 일은 어렵지 않다.

잘못하고 어쩔 줄 몰라 하는 우리 아이에게 이렇게 말해보자.

"그래도 괜찮아."

09

세상을 불신하게 만드는 말들°

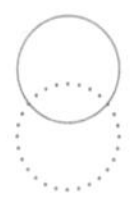

"우리는 '신뢰'라는 표현의 반대말을 '불신'이라고 생각한다. 하지만 심리적 측면에서 '신뢰'의 반대말은 '의도성'이다."

아이들을 믿지 못하는 부모의 말들

보통 아이들에게 가까이 다가가기 위해 담임으로서 하는 습관이 있다. 우리 아이들의 필통을 유심히 관찰하는 것이다. 필통 속에는 진짜 아이들이 숨어 있다. 더욱 잘 관찰하기 위해 책가방을 보면 좋지만 가방은 대부분 닫혀 있다. 아무리 담임이라도 아이들 가방을 마음대로 열어볼 수는 없다. 하지만 필통은 책상 위에 대부분 오픈되어 있기 때문에 관찰이 용이하다. 또 닫혀 있다고 해도 아이들에게 양해를 구하기 쉽다. 보통 아이들 책상 옆을 지나다가 이렇게 말한다.

"필통이 예쁘구나. 한번 열어봐도 될까?"
"필통이 특이하구나. 둘둘 말려 있네?"
"우와~ 필통 속에 온갖 재밌는 것들이 가득하구나."

이렇듯 관심을 보이면 대부분의 아이들이 기쁘게 자신의 필통을 자랑하듯 보여준다. 선생님이 필통을 보고 싶어 하는 것만으로도 아이들은 무의식적으로 자신에 대한 관심이라고 여긴다. 실제 관심이기도 하다. 정말 궁금함이 가득 담긴 표정으로 물어본다. 또는 필통 속 물건들의 궁금한 점들을 마치 혼잣말하듯 꺼내면 아이들은 그 물건들의 역사를 줄줄 말해준다.

"이런 샤프는 처음 본다. 선생님 어릴 적에도 이런 거 있었으면 무조건 갖고 싶었을 텐데……."
"그 샤프는 내가 산 거고요. 옆에 거는 엄마가 사준 거고요. 지우개는 몰라요. 그냥 집에 있던 건데요……."

필통을 통해 펼쳐진 이야기만으로도 가족 관계 중 누구와 친밀하게 지내는지, 누구와 소원疏遠한지, 생각하는 관점과 가치관은 무엇인지 등이 빠르게 전달된다. 상담할 때보다 효과가 좋을 때도 많다. 아이들이 방어기제를 거의 사용하지 않기 때문이다. 그런데 이렇게 효과가 좋은 필통도 별 효과가 없는 아이를 가끔씩 만나기도 한다. 민정이가 그랬다.

"민정아, 필통이 특이하게 생겼다. 필통이 진짜 빵 모양이야."

민정이는 별말 없이 필통을 가방에 넣었다. 필통을 가방에 넣는 행동은 큰 상징성이 있다. 자신에게 다가오는 것이 달갑지 않을 때, 보통은 그냥 짧게 성의 없이 대답한다. 또는 책상 서랍 속에 필통을 넣는다.

이때 아이가 필통을 가방에 넣고 가방 지퍼를 닫는 건 강한 방어기제를 펼치는 것이다. 더 이상 다가갈 수 없는 그런 곳으로 자신을 감추는 상징적 행위다. 심하게 표현하면 일종의 공격이기도 하다. 공격을 받는 입장에서는 기분이 나쁘거나 자존심이 상하기도 한다. 그럴 때는 다가가는 시도를 멈추어야 한다.

물어보는 건데 굳이 필통을 가방에 넣을 필요까지는 없지 않냐고 되묻는 순간, 아이와의 거리감은 더 멀어진다. 사실 민정이가 가방에 필통을 넣는 모습을 보인 건, 담임교사에 대한 '신뢰도'가 거의 없다는 뜻과 같다. 이럴 땐 무슨 말을 해도 받아들여지지 않는다.

누군가를 신뢰하지 않을 때는 있는 그대로 보지 못한다

우리는 '신뢰'라는 표현의 반대말을 '불신'이라고 생각한다. 하지만 심리적 측면에서 '신뢰'의 반대말은 '의도성' 또는 '계획성'이다. 심리적으로 누군가를 믿지 못할 때, 그 사람을 불신한다고 말하지 않는다. 대신 이렇게 말한다.

"뭔가 의도적인 거 아냐?"

"뭔가 목적이 있는 거 아냐?"

"뭔가 꿍꿍이가 있는 거 아냐?"

"뭔가 딴 게 있는 거 아냐?"

"나 모르게 뭔가를 꾸미고 있는 게 있을 거야."

민정이는 담임인 내가 필통 속의 무언가를 가져가려는 의도가 있다고 생각했을 수도 있다. 또는 빵 모양의 필통을 가지고 다니는 것을 선생님이 못마땅하게 여긴다고 생각했을 수도 있다. 중요한 건 누군가를 신뢰하지 않을 때는, 상대방의 행동을 있는 그대로 바라보기 어렵게 만든다. 분명 뭔가 이유가 있을 거라고 생각한다.

◌ 아이를 있는 그대로, 행동 그대로 봐주는 말들

타인을, 혹은 세상을 신뢰하지 못하게 만드는 부모의 말들은 그리 먼 곳에 있지 않다. 아이를 바라보며 어떤 의도성을 지니고 판단하는 말을 자주 하면 그렇게 된다. 이런 말들이다.

"너 지금 계속 놀고 싶어서 아프다고 하는 거지?"

"지금 학원 가기 싫어서 그러는 거지?"

"지금 숙제하기 싫어서 그러는 거지?"

"엄마한테 뭐 감추려고 일부러 그러는 거 아냐?"

다른 사람에 대해 불신이 깊어지고, 반복되고 심해지면 '편집성 인격장애'의 모습으로 발전할 가능성 또한 높다. 나에게 호의를 가지고 접근하는 사람에게조차 어떤 계획과 목적으로 자신에게 접근하는 것이라고 생각하게 만든다. 더 나아가 그 상상을 편집하고 이야기를 전개한다. 결국은 친밀한 대인관계를 맺지 못할 뿐 아니라 주변 사람들을 적敵, 혹은 물리쳐야 할 대상으로 만든다. 세상에서 혼자만의 외로운 전쟁을 치른다. 분노하고 폭발하는 것이 일상이 된다.

이런 상황까지 가지 않기 위한 가장 기본적인 태도는 '있는 그대로 바라봄'이다. 아이의 행동에 어떤 계획이나 의도가 숨어 있다고 생각하지 않고, 행동 그대로 봐주는 말들이 필요하다. 아무리 꾀병처럼 보이고 뭔가 감추고 있는 게 다 보여도 일단 인정해준다.

"배가 아프다구. 일단 좀 쉬자. 그래도 낫지 않으면 약 먹자."

대부분 이렇게 말하면 약 먹기 전에 잘 낫는다. 내가 말한 걸 있는 그대로 믿어주는 누군가 있다는 것만으로도 아이들은 안전함을 느낀다. 그 안전함이 아이들에게 신뢰감을 만들어준다. 불안 속에서 신뢰감은 자리하지 않는다. 불안하면 세상은 온통 의도적인 것들이다.

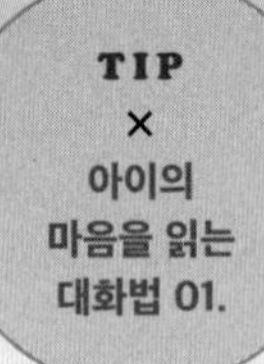

"아이들의 '상상적 불안'을 이해하면 대화가 편해집니다."

Q. '아이들의 상상적 불안', 그냥 '불안'도 아니고 '상상적'이라는 수식어가 붙어 있어요. 이게 어떤 불안을 말하는 거죠?

심리적으로 '불안'하다고 할 때, 보통 불안의 원인들이 있죠. 그런데 상상적 불안은 원인이 실재 존재하지 않음에도 불구하고 느껴지는 불안입니다. 또는 불안의 원인이 있기는 하지만, 지나치게 원인보다 과하게 느껴지는 불안을 말합니다. 아이들이 느끼는 상상적 불안을 이해하면 아이와의 대화에 큰 도움이 됩니다.

Q. 불안한 원인이 없는데도 불안하다고 느낀다, 원인이 있기는 하지만 지나치게 과하게 불안을 느낀다, 초등학생들에게 그런 일들이 많은가요?

상상적 불안이 많다고 표현하기보다 모든 아이들이 다 가지고 있다고 보는 편이 더 맞습니다. 보통 초등학생들의 심리 불안에는 여러 요인들이 있습니다. 예를 들어 친구, 선생님이라는 타인과 마주해야 하는 불안, 요즘 같은 코로나 19로 인해 전염병에 걸릴 수도 있다는 안전성에 대한 불안, 어떤 폭력을 경험하거나 목격했을 때, 위협적인 물리적 압력으로부터 보호될 수 있을지 염려되는 불안 등이 있지요. 다 불안을 가중시키는 요인들인데요. 그중에서 '상상적 불안'은 이러한 모든 불안의 가장 기저에 자리하고 있다고 생각하면 됩니다.

Q. 모든 아이들에게 '상상적 불안'이 있다, 그럼 이건 심각한 건가요?

'상상적 불안'이 있다는 것만으로 심각하다고 할 수는 없어요. 단지, 이 '상상적 불안'에서 점차 벗어나는 과정을 밟으면 되는데, 그렇지 않으면 그 안에서 계속 묶여 있는 상태가 될 수 있어 문제가 됩니다.

Q. 일단 상상적 불안의 구체적인 예를 들어주세요. 그럼 더 와닿을 것 같아요.

예를 들어, 학교에서 선생님이 질문을 합니다. 그럼 아이들이 손을 들고 발표하죠. 한 아이는 발표가 너무 하고 싶어요. 그런데 손을 들지 않습니다. 스스로 상상해버리죠. '나는 키가 너무 작아. 그런데 우리 선생님은 키가 참 크고 멋지게 생기셨어. 선생님은 나처럼 키도 작고 얼굴도 못생긴 아이가 손을 들고 발표하는 걸 좋아하지 않을 거야. 영희처럼 예쁘고 키도 큰 친구가 손들어서 발표하는 걸 좋아하실 거야.'

이렇게 단정하고 손을 들지 않습니다. 또는 정말 용기 내서 손을 들었는데, 하필 정말 선생님이 그때 영희에게 발표를 시켰어요. 그럼 이제 그 상상이 본인에게는 진실이 되어버리죠. '역시 내 생각이 맞았어. 선생님은 영희가 발표하는 걸 좋아해' 혼자만의 상상으로 행동하고 결국 진실로 만들어버리죠.

Q. 학교에서의 사례를 말씀해주셨는데요. 가정에서 그리고 일상에서도 이와 비슷한 사례가 있을 것 같아요.

그럼요. 가정에서도 상상적 불안이 더욱 고착화되는 경우가 많은데요. 예를 들어 형제관계에서 동생이 이렇게 상상합니다. '엄마가 형을 더 좋아해. 왜냐면 공부를 더 잘 하니까, 나는 형보다 공부를 못하니까, 엄마한테 형보다는 덜 사랑을 받게 될 거야.' 이렇게 상상해버립니다. 그리고 어느 날 엄마한테 꾸중을 들었을 때 단정해버리죠. '이것 봐, 내가 공부를 못하니까 엄마는 나를 혼내는 거야. 내 생각이 맞았어.'

Q. 만약 상상적 불안에서 벗어나지 못하는 시기가 길어지면 어떻게 되죠?

상상적 불안이 고착화되면 결과적으로 자신을 스스로 학대하게 됩니다. 학대라고 해서 막 스스로 때리거나 그런 건 아니고요. 그렇게 단정지어버린 자신의 모습에서 벗어나려 하지 않고 머물러 있는 거죠. 그리고 이렇게 생각하죠. '그래 난 관심을 못 받아도 어쩔 수 없어.'

더 심각한 건, 관심받고 싶은 사람에게 스스로 종속되어버립니다. 예를 들면 어떤 부당한 대우를 하거나 시키더라도 그것만이라도 감사하게 생각하고 받아들이죠.

Q. 듣다 보니까 생각보다 무서운데요. 그럼 왜 어떤 아이들은 그렇게 상상을 하고, 결국 단정짓는 건가요? 왜 그런 상상을 하는 거죠?

중요한 질문인데요. 사실 '상상적 불안'을 일으키는 원인을 알아야 그 불안에서 멈추는 것이 가능해지는데요. 대부분의 원인은 또 다른 욕구 때문입니다. 그렇게 상상하게 만드는 본인만의 욕구가 있는데 이걸 찾아야 합니다.

Q. 상상하게 만드는 본인의 욕구요? 그게 뭐죠?

앞서 두 가지 사례는 표면상 다른 사례처럼 보이지만 둘 다 똑같은 욕구입니다. 발표하고 싶지만 손들지 않은 아이는 표면상 발표를 하고 싶은 욕구가 있어요. 그런데 더 깊은 진짜 욕구는 선생님이 자기를 좋아해주었으면 좋겠다는 욕구입니다. 그런데 그 욕구는 잘 채워지지 않고, 그러한 자신을 이해시킬 뭔가가 필요합니다. 그래서 상상을 하죠. 나같이 키도 작고 얼굴도 못생긴 걸 자꾸 드러내면 자신을 싫어할 수도 있을 거라 생각합니다.

엄마가 형을 더 좋아하는 이유가 나보다 공부를 잘해서일 거라고 상상하는 그 이면의 욕구도 마찬가지예요. 엄마에게 형보다 더 사랑받고 싶은 욕구가 일차적으로 있는 거죠. 이렇게 상상적 불안의 대부분은 누군가로부터 관심받고 싶고, 사랑받고 싶어서 시작됩니다.

Q. 그러면 그런 아이들은 관심과 사랑을 주면 상상적 불안이 없어지겠네요.

안타깝지만 그렇지 않습니다. 관심과 사랑이 아닌 '신뢰'가 필요합니다.

Q. 관심과 사랑이 아닌 '신뢰'가 필요하다고요? 왜죠?

상상적 불안에 있을 때, 관심과 사랑을 주어도 이 관심과 사랑은 언제 사라질지 모르는 신기루 같은 관심이라고 생각합니다. 어차피 예쁘게 생긴 영희를 더 좋아할 거고, 어차피 공부 잘하는 형을 더 사랑할 것이 분명하기 때문에 이 잠깐의 관심과 사랑은 진짜라고 믿지 못합니다. 그래서 신뢰가 필요합니다. 내가 키가 작든, 못생겼든, 공부를 못하든 상관없이 엄마는 나를 생각하고, 사랑하고 있다는 신뢰가 있어야 그 상상적 불안을 멈출 수 있게 됩니다.

Q. 그럼 상상적 불안을 멈추게 하는 '신뢰감'은 어떻게 전달할 수 있나요?

엄마는 스스로 완벽한 엄마가 되려는 생각을 멈춰야 하고요, 아이도 그걸 알게 해주어야 합니다. 완벽하지 않은 엄마의 모습이, 이상적인 엄마상 때문에 가려지면 안 됩니다.

Q. 완벽하지 않은 엄마의 모습이 이상적인 엄마 모습 때문에 가려지면 안 된다? 무슨 말인지 쉽게 이해가 안 됩니다.

이런 겁니다. 엄마도 엄마 나름의 이상적인 자아상이 있습니다. 적어도 엄마라면 아이에게 이렇게 해주어야 한다는 '엄마로서의 이상적 목표'가 있죠. 대표적으로 내 아이들을 똑같이 사랑해주겠다는 생각이 엄마의 이상적이고 기본적인 모습입니다. 안타깝지만 사람의 감정은 타인에게 똑같은 감정을 지닐 수 없습니다. 아이에게 그 감정을 감추고 이상적 자아상으로 다가가지 말고 있는 그대로를 알려줘야 합니다.

"네 형이 공부를 잘해서 기쁘다. 그렇지만 그래서 형을 좋아하는 건 아니다. 공부를 못했어도 좋아할 거다. 너도 마찬가지다. 공부를 못하는 게 기쁘지는 않다. 하지만 그거랑 상관없이 너를 좋아한다."

이런 표현이 필요합니다. 더불어 아이들에게도 이상적인 엄마상을 강요하지 않기를 바란다고 말씀해주시면 좋습니다.

Q. 이상적인 엄마상을 강요하지 않기를 바란다는 건 뭐죠?

형이 공부를 잘해서 기쁘다고 표현하는 엄마의 감정을 둘째인 너 때문에 숨길 필요는 없다는 거죠. 상상적 불안을 하는 아이들은 때론 자신만의 방식으로 부모를 통제하려 듭니다. "엄마는 공부 잘하는 형만 좋아해!"라고 말하면서, "엄마라면 똑같이 좋아해야지"라고 강요합니다. 이때 부모들은 보통 멈칫 하시죠. 그러실 필요 없습니다. 이상적 엄마는 허상입니다. 그 허상을 기준으로 엄마라는 나를 통제하려는 시도에는 간결하게 말씀하시면 됩니다.

"지금 엄마의 기쁜 감정을 존중해주면 좋겠다."

그러한 명료한 표현이 아이의 무의식 안에서 자리합니다. '나도 내 감정에 대해 좋고 싫음을 존중받을 필요가 있구나' 그리고 성숙한 모습이 됩니다. 이건 감정의 문제이지 사랑의 문제가 아님을 구분할 수 있게 되죠. 그 뒤로 상상을 멈춥니다. 있는 그대로 보게 됩니다.

Q. 참, 아이를 키우는 게 보통 어려운 게 아닌 거 같아요. '아이들의 상상적 불안' 정리해주시죠.

상상적 불안은 이상적인 자아상을 타인 혹은 자신에게 투영할 때 시작됩니다. '적어도 이런 엄마가 되어야지, 적어도 이런 아이가 되어야지' 하는 이상적 자아상이 그렇지 못한 현실 앞에서 합당한 이유를 만들기 위해 상상의 도구를 꺼냅니다.

그 이상적 자아상에 미치지 못하는 현재의 모습을 인정하고, 솔직해지고, 그에 따른 모습을 감추지 않고 책임지려 할 때 상상의 도구를 꺼내지 않게 됩니다. 남편에게, 아내에게, 아이에게, "적어도 남편이라면… 적어도 아내라면… 엄마라면… 아빠라면… 아이라면… 이래야 한다"는 말을 자주 한다면, 지금 우리 집에 상상적 불안이 시작되었음을 잊지 않았으면 좋겠습니다. 그냥 엄마가 있어서, 아빠가 있어서, 그냥 내가 있어서, 그것으로 충분하다고 할 때 상상적 불안은 고개를 들지 못합니다.

CHAPTER 02.

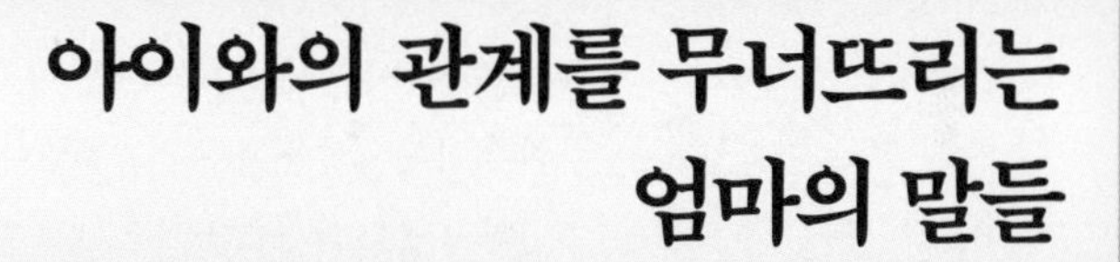

아이와의 관계를 무너뜨리는 엄마의 말들

01

수치심이 드는 비교와 차별의 말들°

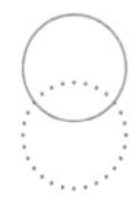

"은연중에 아이들은 '남자라서', '여자라서' 어떻게 해야 한다는 표현을 자주 듣고 자란다. 그리고 그에 부합하지 못한 모습을 보이면 '부끄럽다'는 인식을 갖는다."

○ 아이의 수치심을 건드리는 말들

아이들은 자신의 감정이 격해지면 화를 내면서 말한다.

"재가 나 보고 뚱뚱하다고 했어요."

이렇게 누군가가 놀린 것에 대해 화내면서 담임교사를 찾아오면 그나마 괜찮다. 적어도 자신의 감정을 표현했기 때문이다. 어떤 방식으로든 내면의 감정을 표출하면 그 감정에 대한 조절 능력이 발휘된다. 하지만 표출하지 않는 감정은 조절 능력이 아닌 억압으로 남는다. 누군가 나에게 뚱뚱하다고 놀려 화가 나는 이유는, 바로 '수치심' 때문이다. 수치심은 생각보다 힘이 세서 누구든 수치심이 들면 고통스럽다.

한번은 민정이 체육복 바지에 빨간 물감이 묻었고, 그걸 본 남학생들이 자기들끼리 키득거리며 장난치듯 말했다.

"민정이 바지 좀 봐라. 새는 거 아냐? 크크크."

민정이는 남학생들의 말들을 듣지 못했다. 그런데 점심시간에 민정이와 단짝인 효리가 그 사실을 알려주었고, 그 말을 들은 민정이는 그 자리에 주저앉아 울었다. 고개 숙이고 울먹이던 민정이는 정말 처참한 기분이 든다는 듯 이렇게 말했다.

"그런 거 아닌데… 그냥 콱 죽고 싶어요."

바지에 빨간 물감이 묻은 건 그저 물감일 뿐, 민정이는 아무 잘못이 없다. 또 물감이 아닌 정말 생리혈이 흘러나온 것이라도 민정이는 아무 잘못이 없다. 그럼에도 불구하고 그 자리에 주저앉아 죽고 싶다고 말할 정도로 '수치심'은 강한 힘을 지니고 있다. 수군거렸던 남학생들을 혼쭐내주고, 민정이를 다시 불러 마음을 달래주었지만 별 소용없었다.

"이미 남자애들 사이에서는 그렇게 다 소문이 퍼졌을 거예요."

은연중에 아이들은 성장과정에 '남자라서', '여자라서' 어떻게 해야 한다는 표현을 자주 듣고 자란다. 그리고 그에 부합하는 모습을 보이지 못하면 '부끄럽다'는 인식을 갖는다.

"남자가 그런 걸 가지고 무서워하면 되냐?"
"남자애가 좀 통이 커야지 말이야. 쩨쩨하게!"
"남자애가 축구도 하고 그래야지. 여자애들이랑만 놀구."
"여자애가 예쁘게 앉아야지 그게 뭐니? 남자애들처럼……."
"여자애가 치마도 입어야지. 맨날 체육복만 입고 다니고……."
"여자애가 방이 그게 뭐니? 지저분해가지고."

아이와 대화를 할 때, '남자라서' 혹은 '여자라서' 어떻게 해야 한다는 표현은 되도록 하지 않는 것이 좋다. 그 말은 언제든지 그에 합당한 무언가를 하지 않는 순간이 왔을 때 스스로를 '수치스럽게' 만드는 도구가 된다. 그리고 그 말은 자신을 하염없이 고통스러우면서도 마치 만신창이가 된 듯 바라보게 한다. 수치심은 한 사람의 삶을 좌절 속으로 몰고 갈 만큼 힘이 세다.

사실 적당한 수준의 '수치'는 자기 조절력에 도움이 된다. 어떠한 행동이나 말을 하면 부끄러울 수 있다는 생각이 자신의 충동이나 욕구를 조절해주기 때문이다. 하지만 내가 손쓸 수준이 아닌 '수치감'은 사람들로부터 자신을 도망가게 만들고, 더 이상 숨을 곳이 없다고 판단되면 심한 우울과 함께 극단적인 선택으로까지 이어지게 한다. 앞의 사례에서 민정이가 말한 '다른 남자애들에게 다 소문이 났을 것'이라는 표현은, 사실 여부와 상관없이 더 이상 이 학교에서는 숨을 곳이 없다는 처참한 심정을 그대로 드러낸 것이다.

패배감을 느끼게 하는 비교의 말들

요즘 초등학교에서는 중간고사, 기말고사가 없다. 과정평가 형식의 수행평가를 한다. 대부분의 학교에서 수치화된 점수가 없기 때문에 공부에 대한 비교가 없을 것이라 착각하면 안 된다. 많은 아이들이 학원에 다니고 있고 학원에서는 레벨테스트를 한다. 대부분의 영어, 수학은 레벨테스트를 거쳐 반이 편성되고, 그 반에서는 다른 학년의 아이들과 섞여서 공부한다. 학원을 보내지 않다가 5학년, 6학년쯤 되어 공부를 시켜야겠다는 생각으로 학원 레벨테스트를 봤다가, 3,4학년 아이들과 같은 교실에서 공부해야 하는 자신을 비참하게 여기는 아이도 있다.

이때 부모님들은 우리 아이가 자극도 받고 더욱 열심히 공부하는 계기가 될 수 있다며 이렇게 말한다.

"괜찮아. 학원 공부를 늦게 시작했지만 넌 따라갈 수 있을 거야."

이 말은 곧, 넌 저 아이들보다 늦었다는 또 다른 표현이다. 그리고 공부를 누군가를 따라가고 앞서기 위한 과정으로 인식시킨다. 비교를 통해 시작과 동시에 패배감을 맛보게 하고, 공부는 그만큼 재미없는 것으로 인식시킨다.

◌ 아이들의 수치심은 어른들의 말에서 시작된다

아이들의 수치심은 아이의 마음에서 시작된 것이 아니다. 엄마, 아빠, 할머니, 할아버지, 이모, 삼촌, 선생님 등, 그들에게 권위가 있다고 생각되는 사람들에게 들어온 말들로부터 시작된다.

"적어도 남자라면…."

"적어도 5학년이라면…."

"최소한 여자는…."

"그래도 키는…."

"우리 집안에서 적어도 의사는 나와야…."

아이에게 필요한 건 '적어도', '최소한'이 아니다. 그냥 네가 여기에 있는 것만으로도 충분하다는 표정과 눈동자, 그리고 스킨십이다. 그 이상의 것들은 모두 아이들에게 수치심을 안겨주는 비교와 차별적 언어다.

20년 가까이 수치심, 취약성, 완벽주의, 불안 등을 연구해온 심리 전문가 브레네 브라운Brene Brown 교수는 저서 《수치심 권하는 사회》 프롤로그에 이렇게 적었다.

> **"수치심은 외부에서 옵니다. 우리 문화가 주입하는 메시지와 기대에서 기인하는 것입니다."**

수치심을 주지 않는 것은 자존감을 높이는 것보다 몇 배나 더 어렵다.

02

체벌과 훈육이란 이름으로 상처 주는 말들

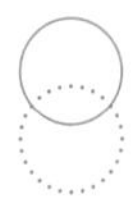

"체벌은 '훈육'도 '교육'도 아니다. 그냥 '폭력'일 뿐이다. 체벌에 교육적 효과가 있을지도 모른다는 생각은 '폭력'을 정당화할 수 있는 어떤 구실을 찾는 논의에 불과하다."

아이는 내 마음대로 할 수 있는 존재가 아니다

동화에 보면 계모 밑에서 학대받는 아이들의 이야기가 많다. '신데렐라'는 어려서 계모와 그 자식들에게 많은 수치와 모욕을 받아가며 집안일을 한다. '헨젤과 그레텔'도 결국은 계모 때문에 집에서 쫓겨나 산속을 헤맨다. '백설공주'는 계모에 의해 죽임을 당하는 뻔한 이야기가 나온다. 우리나라 전래동화 '콩쥐 팥쥐'도 계모 밑에서 부당한 대우를 받으며 학대를 받는다.

이런 이야기를 들을 때마다 참 아이러니하다는 생각을 한다.

실제 가정에서의 체벌과 아동학대는 대부분 계모가 아닌 친부모에 의해 이뤄지기 때문이다.

국회입법조사처에서 '2020 국정감사 이슈 분석'이라는 보고서를 발간했다. 보고서에 따르면 아동학대는 가정에서 동거하는 부모로부터의 학대가 76.9퍼센트였다2018년 기준. 그중 부모가 가해자인 경우 친부모가 차지하는 비율은 73.5퍼센트나 되었다. 계부모는 3.2퍼센트에 불과하다.

가정에서 그것도 부모로부터의 학대가 높은 이유는 무엇일까? 바로 체벌에 대한 잘못된 인식 때문이다. 마치 체벌을 부모가 할 수 있는 고유한 권한처럼 생각한다. 누군가 우리 아이를 절대로 때려서는 안 되지만, 부모는 훈육이라는 이유로 가능하다고 생각하는 것이다.

사실 아이를 때리거나 학대하는 무의식에는 '소유'가 있다. 아이를 '내 것'이라고 전제한다. 사물이든, 사람이든 일단 '내 것'이라고 생각하는 순간, 내가 마음대로 할 수 있는 대상으로 전락한다.

○ 체벌과 관련한 강압적인 표현

2020년 6월, 아동보호단체 '세이브더칠드런'은 청소년만 14~18세 1,000명을 대상으로 모바일 설문을 했다. 최근 1년 한 차례 이상 신체적인 체벌을 경험했다고 응답한 아이는 약 23퍼센트 정도 되었다. 이들을 대상으로 추가 질문이 이어졌다. 체벌에 대한 생각이나 감정에 대한 물음이었다. 그 결과는 이렇다.

"싫고 짜증난다." -26.4%

"억울했다." -20.7%

"체벌은 있어서는 안 된다." -18.5%

"수치감이 들었다." -4.8%

"내가 잘못했기 때문에 체벌받았다." -29.5%

"체벌을 통해 내가 개선되었다." -1.4%

사실 위 설문 결과를 보고 제일 안타까운 그룹의 아이들이 있었다. '내가 잘못했기 때문에 체벌을 받았다'고 생각한 29.5퍼센트의 아이들이다. 체벌의 이유를 자신에게 돌림으로써 어떻게 해서든 부모를 이해하려고 애쓴 아이들이다. 다르게 표현하면 이미 저항할 힘조차 잃어버린 아이들이다. 부당한 것에 길들여진 상태다. 한편 체벌을 통해 자신이 개선되었다고 응답한 아이들의 경우는 공포를 통한 또 다른 과잉행동을 억압한 것이라 해석할 수 있다.

보통 부모들은 감정적으로 흥분된 상황에서 체벌을 가할 때 강압적인 표현을 쓴다.

"엎드려!"

"움직이지 마!"

"뭘 잘했다고 울어!"

체벌이 가해지는 신체적 고통뿐 아니라 강압적인 표현 자체는 아이의 자존감을 바닥 깊은 곳으로 급하강시킨다. 부모가 자신을 그렇게 평가해준 것이니 스스로 그런 존재라 여기는 것은 말할 것도 없다. 추후 이러한 존재감을 끌어올리기는 정말 어렵다. 운이 좋게 스스로를 그런 존재가 아니라고 자각한다 해도, 자신을 그렇게 대한 부모에 대해 분노와 화가 올라온다. 그러면 부모를 그렇게 생각하는 자신을 자책하고, 뭔가 합리화할 거리를 찾기 시작한다.

결국 자신과 타인에 대해 왜곡된 시선을 가진 채 머무는 경우가 대부분이다. 신체적 체벌 이전에 이미 강압적인 표현을 들은 아이들은 자신을 '통제당하는 존재'로 인식한다. 그 인식 자체가 빠져나오기 힘든 상처가 된다.

아이에게 체벌은 훈육이 아닌 공포일 뿐

체벌의 기본 영향력은 '공포감'에 있다. 아이들은 어떤 행동을 하거나 말을 하면 '체벌'이라는 고통을 받을 것이라는 극도의 '공포감'으로 자신을 억압한다. 자신의 행동을 공포감을 통해 통제하는 것이다. 이러한 통제는 외형적으로 보기에 행동의 변화가 이루어진 것 같지만 내면적으로는 변화가 없다. 오히려 억압된 감정을 다른 방식으로 분출하게 만든다. 학교 폭력의 피해 학생이 대부분 또 다른 학교 폭력의 가해자가 되는 것과 같다.

신체적인 체벌이 가해지는 순간의 '공포'는 아이들 마음에 깊은 상처를 남긴다. '공포'는 자신이 안전하지 않을뿐더러 언제든 죽게 될 수도 있다는 생각을 갖게 한다. 그리고 그렇게밖에 살 수 없는 자신을 더욱더 가해자 부모와 어떻게 해서든 밀착시키려 한다.

여기서 밀착이란 어떻게 해서든 부모의 눈밖에 나면 안 된다는 깊은 긴장감을 안고 있음을 의미한다. 이런 아이는 '분리'를 어떻게 하는지 모른다. 결국 타인과의 관계성에서도 지나친 집착을 할 가능성이 높다. 신체적 체벌까지는 아니어도 비슷한 효과를 주는 표현들 또한 있다.

"혼 좀 나봐야 정신 차리겠구나."

"옛날 같으면 벌써 여러 번 맞았다."

"몇 번을 말했는데 아직도 못 고쳤어? 정말 맞아봐야 고칠 거야!"

체벌은 하지 않았지만 언제든 체벌이 가능한 환경으로 바뀔 수 있다는 표현은 아이들에게 공포감을 주기에 충분하다. 가장 좋지 않은 것은 바로 이 작은 말 한마디가 그동안 잘 유지해온 '신뢰'와 '안전감'을 한순간에 깨뜨린다는 사실이다.

체벌과 관련해서 많은 교육적 논의가 있었다. 심지어 '체벌의 교육적 효과'라는 제목의 연구 논문들도 있다. 하지만 '체벌의 교육적 효과'라는 말 자체는 큰 모순을 갖고 있다. 체벌은 '훈육'도 '교육'도 아닌 그냥 '폭력'일 뿐이다. 체벌에 교육적 효과가 있을지도 모른다는 생각은 억지로 '폭력'을 정당화할 수 있는 어떤 구실을 찾는 논의에 불과하다. 너무도 오랜 시간 동안 마치 전통처럼 교육 안에 체벌이 이루어져, 체벌이 교육적 효과가 있을지도 모른다는 착각이 정당한 논의처럼 여겨지기도 한다.

가장 먼저 버려야 할 체벌과 체벌의 말들

2019년 보건복지부가 발표한 '아동실태조사'에서 체벌이 필요하다고 인식하는 부모가 40퍼센트 가까이 되었다. 이 결과가 뜻하는 것은 부모 또한 그러한 체벌 속에서 성장했다는 방증이다. 체벌이 '폭력'이 아닌 '교육'과 '훈육'이라는 잘못된 인식에 우리는 알게 모르게 젖어 있다.

많은 심리학자들이 부모의 욕망을 아이에게 투사하지 말라고 이야기한다. 안타깝지만 체벌이 필요하다고 말하는 부모는 아직 욕망을 다룰 단계도 되지 못한다. 그들의 욕망은 이미 체벌에 의해 사라지고 없는 상태나 마찬가지기 때문이다. 그만큼 체벌은 가장 먼저 버려야 할 사안이다. 아직도 체벌이 필요한지 아닌지를 논하는 현실이 너무 비현실적으로 느껴진다. 대한민국은 체벌에 대한 인식에서만큼은 아직도 중세시대를 살고 있다.

체벌을 통해 아이들에게 전달되는 모든 말들은 아이들에게 상처가 된다. 그런 줄도 모르고 우리는 이렇게 말을 하곤 한다.

"엄마가 널 때린 건,
네가 나중에 다 잘되라고 한 거야."

"엄마가 널 벌준 건,
네가 나쁘게 되지 않게 하려고 그런 거야."

이런 말들은 추후 아이들의 저항 의지를 꺾고자 하는 것일 뿐, 아이들의 주체적 성장에는 도움이 되지 않는다. 이들은 누군가 자신에게 부당한 언행을 해도 똑같이 반응한다.

'다 나 잘되라고 그런 일을 시키는 거겠지?'

다시금 강조하지만 체벌은 교육이 아닌, 그냥 폭력일 뿐이다.

03

욕심이 앞선 부모의 말들

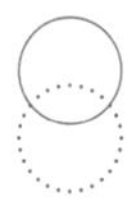

"욕심이 앞서는 부모의 특징이 있다. 그들은 아이의 감정마저 통제하려는 모습을 보인다."

○ 기대감을 넘어선 부모의 욕심

욕심이 앞선 사람들은 주변을 잘 돌아보지 못한다. 뭔가에 꽂혀서 그것 이외의 다른 것들은 돌볼 생각을 못한다. 얻고자 하는 것 이외의 다른 것들은 그저 걸리적거리는 방해물처럼 취급한다.

부모로서 아이에게 욕심이 없을 수는 없다. 긍정적 의미에서는 '기대감'이라고 하고, 아이들 또한 부모의 이러한 기대감을 느낀다. 그리고 그에 합당한 위치에 올라서기를 스스로 갈망한다. 그 정도는 부모의 욕심이라고 말하지 않는다. 아이들은 누군가 자신에게 기대감을 갖고 그 정도의 능력을 갖출 수 있다고 믿어주는 데 힘을 얻기도 한다.

문제는 기대감을 넘어선 욕심에 있다. 그 둘은 잘 구분하기 어렵다. 대부분의 부모들은 자신이 아이에게 어떤 '기대'를 하고 있다고 생각하지, '욕심' 내고 있다고 생각하는 경우는 거의 없다. 그런데 그 둘을 구분하는 방법은 의외로 쉽다. '기대'와 '욕심'에는 차이점이 있는데, 누군가에게 기대했지만 그에 미치지 못했을 때 가장 먼저 드는 감정은 '아쉬움'이다. 아쉬움은 아이들에게 상처를 남기지 않는다.

하지만 욕심은 다르다. 자신의 욕심에 미치지 못했을 때 가장 먼저 드는 감정은 '화'이다. 그 화는 아이들에게 상처를 남긴다. 화난 표정과 말투로 아이들에게 우리는 이렇게 말한다.

"겨우 그것밖에 못하겠어?"

"엄마가 말했잖아. 엄마 말을 들었어야지!"

"네가 그 모양이니까 엄마가 어디 가서 고개를 못 들고 다니지!"

밖으로 표현된 '화'는 상대방을 심리적으로 위축시킨다. '화'가 반복되면 어느 순간 '분노'가 되고, 그 분노는 아이에게 공포감을 준다. 또는 모욕감을 주는 말을 쏟아내면서 그 분노를 풀게 된다. 욕심의 끝은 결국 아이의 자존감 상실을 가져온다. 부모의 욕심을 채워주지 못하는 순간, 아이는 아주 형편없고 쓸모없는 어떤 위치에 놓인다.

◌ 아이의 감정마저 자신의 것으로 만드는 부모

욕심 많은 부모의 기준은 '감정' 그리고 '욕구'에 있다. 욕심이 앞선 부모는 아이의 '감정'과 '욕구'를 자신의 것으로 만들려는 모습을 보인다. 처음에는 부모 스스로 인지하지 못한다. 왜냐하면 늘 이런 생각이 뒤따르기 때문이다.

'이건 다 우리 아이를 위해서 그러는 거야.'

욕심이 앞서는 부모의 첫 번째 특징이 있다. 그들은 아이의 감정마저 통제한다. 즉 아이의 감정이나 욕구가 부모의 감정과 욕구에 부응하지 않을 때의 상황을 용납하지 않는다. 아이의 감정과 욕구를 통제하는 것을 넘어, 그들의 감정과 욕구를 통해 자신의 감정을 채운다. 사실 이들은 아이에 대해 '비윤리적인 행태'를 보이고 있는 것과 다르지 않다.

부모의 욕심이 아이의 감정과 욕구를 앞서 나갈 때, 그리고 그러한 상황이 지속될 때 아이들에게 나타나는 모습은 '무기력'이다. 어차피 자신이 어떤 감정으로, 혹은 어떤 욕구로 무엇을 하고 싶은지는 중요하지 않기 때문이다. 이 아이들에게 네가 원하는 것이 무엇인지 물어보면 대부분 이렇게 대답한다.

"아무 거나요."

"엄마가 이렇게 하랬어요."

자신의 욕구와 감정만 바라보는 부모

또 다른 형태의 욕심 많은 부모도 있다. 이 역시 욕구, 감정과 연관되어 있다. 단 앞에서 언급한 부모와 다른 점은 오직 부모 자신의 욕구와 감정만 바라본다는 것이다. 앞의 사례에서는 아이의 욕구와 감정을 부모의 욕구와 감정에 맞추도록 강요했다면, 이번에는 아이의 욕구와 감정에 아예 관심이 없는 부모이다. 그들의 관심은 자신의 욕구와 감정에만 집중되어 있다.

오직 자신의 욕구와 감정만 바라보는 부모의 아이들은 늘 '소외감'을 느낀다. 이런 부모의 모습을 적절하게 보여주는 애니메이션이 있다. 바로 〈센과 치히로의 행방불명〉이다. 주인공 치히로의 부모가 어느 식당에서 정신없이 음식을 먹다가 돼지로 바뀌는 장면이 있는데, 이 영화의 제작사는 이 장면의 상징적 의미를 이렇게 밝혔다.

"치히로의 부모가 돼지로 바뀌는 장면은 80년대 일본의 경기 침체 기간 동안 나타난 사람들의 욕심을 상징적으로 표현한 것이다."

그 장면을 보면서 자신의 욕구에만 집중하는 부모의 모습이 결국 주인공 치히로를 외롭게 만들었다는 생각이 든다.

○ 자기애가 강한 부모의 말

이런 부모의 대부분은 '자기애'가 무척 강하다. 자기애가 강한 부모일수록 자신의 욕구와 감정에 몰두한 나머지, 아이를 외롭게 만들 확률이 높다. 이런 부모와의 대화는 늘 간결하다.

"네가 알아서 해라."
"그 정도는 알아서 할 수 있어야지."

여기서 '알아서 해라'라는 말의 의미는 아이의 주체성을 위해서 하는 말이 아니다. 그런 것들까지 내가 신경 써줄 만큼 한가하지 않다는 의미다. 내 자신을 위한 시간과 공간을 최대한 확보하기 위한 표현이다. 다른 주변 상황을 신경 쓰는 만큼 자신에게 집중하지 못하기 때문에 아이를 빨리 홀로 서게 하려 한다. 주위에서 보기에는 아이를 주체적으로 잘 키우는 것처럼 보이지만, 아이는 알고 있다. 늘 외롭다.

이런 아이들의 특징은 그 외로움을 채워줄 무언가를 찾는다는 것이다. 그래서 많은 경우 '중독'에 빠져든다. 게임 중독은 양호한 상황에 속한다. 약물 또는 소유를 위한 단짝 친구, 이성異性과의 관계에 몰두한다. 그리고 그 지독한 외로움에 '자해'를 시도하기도 한다.

부모의 욕심을 자각하는 과정

욕심이 앞선 부모의 아이들은 무기력하거나 중독에 빠지거나 둘 중 하나이다. 이런 상황은 극단적인 환경에서 만나는 것이 아니다. 부모의 욕심 속에 그냥 평범한 아이들을 외로움으로 숨막히게 한다. 이런 패턴에서 벗어나려면 부모의 자각自刻이 매우 중요하다. 내가 살고 싶은 삶의 모습, 나의 순수 욕망이 무엇인지 살펴보는 '쉼'의 시간이 필요하다. 그리고 그것이 명확해지면, 아이가 아닌 나에게 말을 걸어본다.

"내가 원한 건 다시 직장에 나가는 거였구나. 그리고 커리우먼으로 혼자 서는 거였구나."

"내가 원한 건 더 이상 일하기 싫은 직장을 그만두고 내가 원했던 미술을 하는 거였구나."

"내가 원한 건 마음껏 세계여행을 하는 거였구나. 그리고 낯선 사람들을 만나는 거였구나."

그리고 그 욕망을 실현할 구체적 책임을 나에게 전가轉嫁하기 바란다. 아이들에게 부모의 욕망을 전가하면 많은 것들이 꼬인다. 그리고 이렇게 말하게 된다.

"넌 꼭 유망 회사에 들어가서 능력 있는 리더가 돼라. 그럼 행복할 거야."

"미술을 전공해보렴. 멋지지 않니? 예술가로 너의 재능을 펼치며 사는 거야."

"많은 나라들을 다니면서 견문을 넓히렴."

위 말들 중에 틀린 말은 하나도 없다. 그리고 아이의 미래를 위해 참 좋은 말들이다. 그런데 위 말들의 욕망 주체는 부모다.

아이는 아이의 욕망이 있다. 부모의 욕망과 아이의 욕망을 구분하는 첫 시작은, 부모의 자각하는 시간 '쉼'이다. 적어도 한 달에 단 하루 정도는 혼자만의 '시간'과 '공간'을 확보하는 것이 중요하다.

그리고 그간 좌절되었던 나의 욕망을 찾는 시간을 갖자. 부모가 부모의 욕망과 아이의 욕망을 구분하는 순간부터 대화가 시작된다. 그리고 아이들의 외로움이 사라진다. 자신의 욕망을 인정해주는 부모가 있다는 건 무척 든든한 일이다. 그 아이들은 자신을 중독에 빠지게 하지 않는다. 순수한 자신의 욕망을 쫓는 게 훨씬 더 즐겁기 때문이다. 그 시작은 부모의 '자기 언어자신의 욕망을 아는 상태에서 하는 말'에서 시작된다.

04

공부할 때 자존감을 꺾는 말들°

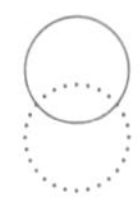

"많은 학부모님들이 착각한다. 아이들이 무언가 마음먹었다고 할 때, 마음먹고 그것을 하겠다는 목표를 세웠다고 믿는다. 하지만 아이들은 목표를 정한 것이 아니라 내가 마음먹었다는 것을 알아달라는 것이다."

아이의 말을 의심하고 관계를 무너뜨리는 말들

5학년 영진이는 공부에 별 관심이 없다. 그렇다고 학업능력이 부족하거나 뒤떨어진 아이는 아니다. 수업 집중력은 괜찮았다. 단지 아직 공부 습관이 잡히지 않은 아이일 뿐이다. 보통 방과 후에 집에 가서 학습보다는 다른 재미있는 것들에 더 시간을 보냈다. 공부에 대한 동기부여가 되지 않은 상태였다.

그런데 여름방학이 지나고 가을 학기가 되었을 때 영진이의 일기장에 이렇게 적혀 있었다. 뭔가 공부에 대한 심경 변화가 있었던 것 같았다. 어떤 연유로 그런 일기를 적었는지 모르지만 영진이의 부모님이 보았다면 무척 기특해 했을 내용이었다.

"2학기가 되었다. 1학기 때 시험을 망쳤다.

2학기에는 열심히 공부해서 꼭 시험을 잘 볼 거다."

보통 학기초에 시험 이야기를 하는 아이는 드물다. 학기말 시험까지는 시간이 오래 남았기 때문이다. 그런데 영진이는 새학기가 되자마자 일기장에 시험을 언급했다. 그만큼 뭔가 강한 자극이 있었거나, 동기가 될 만한 일이 있었을 것이다. 꾹꾹 눌러 쓴 글씨에 비장함까지 엿보였다. 그렇게 약 한 달이 지났다. 수학 단원평가를 보았는데 점수가 1학기보다 더 낮아 영진이에게 물었다.

"영진아~ 2학기 열심히 공부하는 걸로 마음먹었던 것 같은데… 이번 단원평가가 좀 어려웠니?"

"아니요. 엄마 때문에요."

"엄마?"

"맨날 공부만 하려고 하면 자꾸 짜증나게 해서요. 이젠 그냥 공부 안 하려구요."

영진이 표현으로는 정말 열심히 공부하기로 마음먹었다고 했다. 학원 끝나고 집에 가면 피곤해서 잠깐만 쉬고 공부하려고 했는데, 그때마다 엄마가 방에 들어와서 이렇게 말했다고 한다.

"학원 숙제는 했니?"

"벌써 누워 있으면 공부는 한 거야?"

"언제까지 스마트폰만 보고 있을 건데."

정말 딱 10분만, 또는 5분만 잠깐 쉬었다가 공부하려고 했는데, 또는 그냥 스마트폰으로 짤 영상 한두 개만 보고 머리만 식히고 진짜 열심히 해보고 싶었다고 했다. 그런데 엄마의 한심하다는 듯한 목소리를 듣는 순간 공부하기로 마음먹었던 마음이 짜증으로 바뀌었다. 그런 기분은 저녁 내내 지속되었고, 결국 진짜 공부하기가 싫어졌다고 했다. 아마도 부모 입장에서는 이런 생각이 들 것이다.

'마음먹었으면 누가 뭐라 하든 공부를 했어야지. 결국은 하기 싫은 거니까 짜증을 내는 거 아니야?'

많은 학부모님들이 착각하는 것이 있다. 아이들이 무언가 마음먹었다고 했을 때, 마음먹고 그것을 하겠다는 목표를 세웠다고 믿는다. 하지만 아이들은 진짜 목표를 정한 것이 아니다. 내가 마음먹었다는 것을 알아달라는 것이다. 중요한 건 목표가 아니라 마음먹은 나의 기특한 '생각'이다. 아이 입장에서 보면 사실 엄청난 변화가 생긴 것이다. 이전에는 누가 뭐라 해도 아예 공부할 생각조차 안 했는데, 이제는 그런 마음을 먹었으니 그것만으로도 자신을 참 대견하고 대단하다고 여긴다. 아이 입장에서는 나를 바꾼 것이니까.

그렇게 마음을 바꾸는 큰일을 했는데, 그 말을 의심하고 한번에 무너뜨리는 말들을 들으면 화나고 짜증나는 것이다. 이토록 엄청난 자신의 변화를 몰라주는 부모가 야속한 것은 어쩌면 당연한 것 아닐까.

"또 쉬고 있냐? 공부는 언제 할 건데."

"왜 맨날 스마트폰만 보고 있냐?"

"숙제부터 하고 종이접기 하라고 했잖아."

많은 부모들이 아이 방문을 열었을 때 위와 같은 말을 하는 이유는 그 상황을 직접 눈으로 보았기 때문이다. 그리고 문을 열기 전에도 그랬고, 문을 닫고 난 후에도 계속 그럴 것이라는 '의심'이 들기 때문이다. 아이 입장에서는 단 몇 마디의 말로 자신이 방에 있는 시간 전체를 '신용불량'으로 만들어버린 엄마가 밉다. 그러한 상황이 반복되었을 때 다시금 마음을 잡고 무언가 학습에 몰두하는 모습을 보일 수 있는 아이들은 아마도 거의 없을 것이다.

○ 아무리 사소해도 인정해주고 믿어주는 표현

무언가 내 자신의 변화를 이끌 마음을 먹었다고 치자. 그 순간 곁에 있던 타인이 그 사실을 인정해주는 표현을 해준다면, 그 일을 성공적으로 지속할 가능성은 매우 높아진다. 타인의 인정이 자기 자신에 대한 신뢰로 바뀌기 때문이다.

그런데 내 자신의 변화를 이끌 마음을 먹었을 때, 가장 가까운 사람으로부터 '의심'의 말을 듣는다면 자신을 원래의 위치로 돌려놓기 마련이다. 마음먹은 자신이 오히려 한심해 보인다. 그러면 마음을 먹지 않았을 때보다 자존감은 더 낮은 위치에 놓인다.

학교에서 학습에 높은 성취를 보이는 아이들의 특징은 지루한 학습을 지루하지 않은 듯, 무심하게 지속한다는 것이다. 누군가 무심코 보면 그 아이들이 정말 좋아서 풀고 있다고 생각하지만 대부분은 아무런 감정 없이 그냥 정해진 시간, 정해진 분량을 어제도 하고 오늘도 하고 내일도 할 뿐이다. 그렇게 할 수 있는 이유는 그들이 어느 날 저녁 그렇게 공부를 해보기로 마음먹었을 때, 그것을 믿어준 누군가 곁에 있었기 때문이다. 그런 신뢰감을 받으면 기분이 나쁘지 않다. 그리고 내일도 그 시간 그 장소에서 반복하는 행위를 함으로써 신뢰감을 계속 이어간다.

하지만 반대의 모습이 더 많은 것이 현실이다. 그 마음먹은 순간 던져진 의심 가득한 질문은, 그 질문에 합당한 증거를 만들어 주듯 가슴에서 짜증을 샘솟게 한다.

초등학생들에게 학습은 재미있는 일이 아니다. 아이가 학습에 재미있게 몰두하지 않는다고 해서 혼날 일은 아니다.

어쩌다 한 번, 가끔씩 찾아오는 공부에 대한 동기부여 순간을 놓치지 않았으면 좋겠다. 그 순간을 놓치지 않는 방법은 의외로 간단하다. 아이의 방문을 열었다가 아무 말도 하지 않고 다시 조용히 닫아주는 거다. 쉬는 걸 방해해서 미안하다는 듯 조용히 닫아주면 된다. 아이는 자신을 믿어준 그 사람 덕분에 짧지만 깊은 쉼을 갖고 마음먹은 걸 시도한다.

05

감정적으로 화내는 말들°

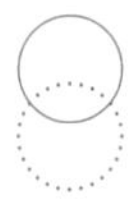

"엄마 아빠의 언성이 높아질수록 아이의 무의식 안에는 무력감이 자리한다. 그 무력감은 자존감 없는 사람으로 만드는 아주 좋은 명약이다."

아이와 대화할수록 화가 나는 부모들

'초등 엄마 말'을 주제로 강연했을 때의 일이다. 엄마와 초등 아이와의 대화와 관련된 강연이었다. 엄마의 음성이 아이들의 뇌에 미치는 영향부터 시작해서 일상생활에서 아이와 대화에 어려움이 있는 사례 위주의 강연이었다. 강연 중 아이와 대화할수록 자꾸 화가 나는 경우에 대해서 설명했는데, 그 순간 강연장에 있던 학부모님들의 눈동자가 반짝였다. 많은 학부모님들이 자신의 상황이라고 생각한 듯했다.

엄마의 말음성은 아이의 뇌 발달에 중요한 역할을 한다. 여기서 중요한 역할은 긍정적인 것만을 의미하지 않는다. 어떤 음성이냐에 따라 긍정의 역할일 수도, 부정의 역할일 수도 있다.

한번은 코로나19로 인해 서울 지역 한 교육청에서 주최한 '초등 엄마 말'을 주제로 비대면 강연을 했다. 온라인으로 강연을 하자 대면 강연보다 훨씬 더 많은 사람들이 공간 제약 없이 온라인으로 접속할 수 있었고, 많은 학부모님이 접속했기에 강연 후 더 많은 질문을 받을 수 있었다. 질문은 채팅창을 통해 받았는데 깜짝 놀랐다. 생각보다 '화'에 대한 고민과 질문이 많았다. 많은 학부모님들이 아이에게 많은 화를 내고 이로 인해 힘들어 하고 있었다.

강연 후 채팅으로 오랜 시간 질문이 쏟아졌고, 그에 대한 대답들을 해주었다. 결국은 모든 질문들에 다 대답해주지 못한 채 강연을 마쳤다. 일반 강연에서는 질문하는 몇 명의 목소리만 들을 수 있지만, 채팅창을 통해 받은 질문들은 많은 사람들의 목소리를 하나의 통계처럼 확인할 수 있었다.

상당히 많은 학부모님들이 아이와의 대화 중 '화'를 내는 것에 대해 고민과 자책을 하고 있었다. 특히 큰소리로 화를 낸 것에 대한 후회가 주를 이루었다. 언성을 좀 높이는 차원에서 시작해서 욕을 하는 경우도 있었다. 소리를 지르거나 물건을 던지는 분노 수준의 '화'도 있었다. 갑자기 아이들과 있는 시간이 길어졌기 때문에 여러 면으로 감당이 안 되었을 것이다.

◌ 아이와 함께하는 시간이 많아지면서 화를 내는 부모들

강연에서 유독 눈에 띄는 질문은 아이들과 함께하는 시간이 생각보다 즐겁거나 행복하지 않다는 것이었다. 평소 잘 화를 내지 않던 부모님들마저 아이와 함께하는 시간 동안 '화'를 자주 냈다고 고백했다. 준비 안 된 상태에서의 함께함은 아마도 급속도로 불쾌지수를 높이는 힘을 발휘했을 것이다.

질문하는 분들의 대부분은 그동안 직장생활하느라 바빠 아이에게 신경을 못 써주고 있다는 미안함으로 가득했던 엄마, 아빠였다. 그런데 막상 같이 있는 시간이 길어지니 오히려 '화'를 내는 자신을 발견할 뿐이었다. 준비되지 않은 함께 있음이 '화'를 쏟아내는 시간과 장소로 변모해가고 있었다.

화는 생각보다 갑작스레 올라왔고, 특히 한번 내뱉기 시작하면 화난 표정과 목소리, 그리고 언성을 높이기까지 그리 오랜 시간이 걸리지 않았다. 단 몇 분 또는 단 몇십 초 안에 쏟아져 나왔다. 그리고는 어떻게 수습해야 할지 모르는 상황으로 넘어가는 과정을 계속 반복하고 있었다.

◌ 화는 조절이 중요하다

'화'는 감정의 일종이다. 그것도 내 안에서 올라오는 강한 감정이다. 감정은 내가 의식하지 못하는 사이에 수면 위로 떠오른다. 즉 감정이 나타나는 것 자체를 막을 수는 없다는 의미다. 그런데 많은 학부모님들의 질문 끝에는 다음과 같은 바람이 있다.

"아이와 대화하다가 화를 내지 않는 방법은 없을까요?"

화를 내지 않는 방법은 없다. 단 화를 잘 내는 방법은 있다. 즉 화를 '조절'하는 것이다. 조절에는 기준이 있다.

첫 번째, 나중에 다시 회복가능한 만큼까지가 기준이다. 간혹 이렇게 생각하는 분이 있다.

'아무리 내가 화를 냈어도 그렇지. 부모 자식 간에 회복 불가능한 일이 어디 있겠어?'

있다. 생각보다 오랫동안, 혹은 더 오랫동안 또는 평생토록 회복하지 못한 채 끝나는 경우도 많다. 회복 가능하려면 적어도 다음과 같은 행동은 피해야 한다. '욕, 비아냥거림, 갑작스런 고성, 체벌때림'이 그것이다. 이런 것들만 피해도 추후 아이들

스스로 회복이 가능하다.

두 번째, 무엇 때문에 화가 났는지 구체적으로 말해준다.

생각보다 많은 아이들이 엄마가, 아빠가 왜 화가 났는지 잘 모를 때가 많다. 구체적으로 말할 때 주의할 점은 아이가 잘못한 점을 개선하기 위함이 목적이지, 아이를 꾸중하기 위한 목적이 아니다. 꾸중하기 위한 목적의 '화'는 그저 엄마 아빠의 감정을 푸는 것, 그 이상도 이하도 아니다.

세 번째, 짧고 간결해야 한다.

'화'는 불과 같아서 일으킬수록 커진다. 어떤 이유로 화났는지, 아이가 개선해야 할 부분이 무엇인지 전달이 끝났으면 더 이상 다른 말은 하지 않는다. 그 이상의 말들은 '화난 감정'에 대한 배설물이다. 그 배설물은 아이로 하여금 개선해야 할 자신의 잘못한 점을 보지 못하게 만든다. 또 그 배설물을 옮겨놓을 누군가를 찾는 데 중심을 둘 뿐이다. 폭력 대물림이 된다.

부정적 감정에서 자유롭지 못하게 하는 '화'

부모의 화가 표정과 언어로 표출되고 그 강도가 아이의 자기 회복력을 넘을 때, 부모의 화는 아이 내면에 두려움과 상처로 각인된다. 문제는 아이들은 그 상처를 어떻게 치유해야 하는지 전혀 모른다는 것이다. 처음에는 작은 상처이지만 치유되지 않은 채 세월이 흐르면 감당하기 어려운 수준의 병이 되어 있다. '화'를 내면 가장 큰 피해자는 아이이다. 40년 넘게 임상연구 및 심리치료를 해온 치유심리학자 브렌다 쇼샤나Brenda Shoshanna는 저서《감정도 설계가 된다》에서 이렇게 말한다.

> **"절망, 우울, 무기력, 불안 등 부정적인 감정을 드러내는 사람들의 바탕에는 '화'가 자리 잡고 있다."**

누군가의 '화남'에 희생된 사람들은 위와 같은 부정적 감정절망, 우울, 무기력, 불안의 증상에서 자유롭지 못하다. 성인이 되어 왜 우울감에 빠져드는지 그 원인을 모른다. 무기력한 상황이 왜 지속되고, 언제 더욱 강하게 나타나는지도 모른다. 때론 불안하기도 하고, 어느 날 갑자기 공황장애로 나타나기도 한다.

◌ '사랑'과 '소유'를 착각하지 않기

우리는 왜 세상에서 가장 사랑하는 아이들이라고 하면서 아이들에게 가장 화를 많이 낼까? 바로 사랑한다는 것과 소유한다는 것을 착각하기 때문이다. 아이에게 큰소리로 말하는 사람일

수록, 무의식 안에는 아이를 '내 것'이라고 생각한다.

한 가지만 꼭 기억하면 좋겠다. 엄마 아빠의 언성이 높아질수록 아이의 무의식 안에는 무력감이 자리한다. 그 무력감은 자존감 없는 사람으로 만드는 아주 좋은 명약이다.

06

아이의 감정을 통제하는 말들

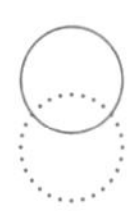

"감정은 조절하는 것이지 통제의 대상이 아니다. 감정이 통제의 대상이 되어버린 아이들 중 대부분은 양육자의 '명령'과 '지시'에 영향을 받는다."

◦ 감정 표현이 통제된 아이들

'심부름'의 어원을 찾아보면 재미있다. 심부름의 '심'은 '힘力'이 변형된 것이고, 심부름의 '부름'은 '부림'이 변형된 것이다. 둘을 합치면 '힘부림'이 된다. 다른 사람의 힘을 부려서 내 일을 대신하게끔 한다는 표현이다.

학급에서 학생들에게 심부름 시킬 때 가끔 교육적 의도성을 가지고 할 때가 있다. 즉, 어떤 것이 실질적으로 필요해서가 아니라 심부름할 때 아이의 모습을 관찰하기 위해서 시킨다. 그렇다고 심부름을 통해 아이의 일상적 태도를 판단하지는 않는다. 기본적인 생활 태도는 이미 교실 안에서 다 보인다. 굳이 심부름을 따로 시켜 보지 않아도 된다.

심부름으로 관찰하는 것은 아이의 욕망 및 욕구 표현이다. 아이의 욕망이나 욕구가 잘 보이지 않을 때, 그 아이의 감정 표현들이 자연스러운지 아닌지를 살펴보기 위해 심부름을 시킨다. 특히 결정적인 순간에 보이는 아이의 감정 표현은 그 아이의 내면 상태를 바라보는 생생한 순간이 된다. 그런 의도와 목적성을 가지고 심부름을 시키기 위해서는 며칠 동안 기다려야 한다. 아이에게 있어 정말 신나는 순간이어야 하기 때문이다. 쉬는 시간, 친구와 뭔가 신나게 하려는 순간 아이의 이름을 부른다.

"철민아! 교무실 가서 칠판 지우개 하나만 받아오렴."

신나게 놀던 중에 어떤 심부름을 해야 한다는 건 그리 달가운 일이 아니다. 그럼에도 불구하고 많은 아이들이 별말 없이 심부름을 다녀온다. 그것도 아주 빨리 다녀온다. 조금이라도 시간을 벌겠다는 요량이다. 하지만 4층에서 1층 교무실까지 갔다 오면 숨을 고르기도 전에 어김없이 종이 친다. 그때가 가장 주의깊게 바라보는 순간이다. 그때 보통 아이들은 이런 모습을 보인다.

"아! 벌써 시간이 다 됐어. 아직 놀지도 못했는데."

"심부름 갔다 오니까 다 끝났네… 아~ 아쉽다."

"이번에 내 차례였는데 심부름 때문에 망했네."

"아 짜증나! 나만 못 놀았어."

심부름하던 중에는 그래도 약간의 희망이 있다. 빨리만 갔다 오면, 잘 하면, 단 몇 분이라도 놀 수 있지 않을까 하는 희망. 그래서 아무 말 않고 심부름을 빠르게 다녀온다. 하지만 종이 울리고 그 희망이 없어지는 순간 원망 섞인 한숨이 터져 나온다. 이 모습이 아이들의 자연스런 모습이다. 내면의 놀고자 하는 욕구나 바람이 갑자기 뜻하지 않은 일을 만나 잠시나마 좌절된 순간이다.

그 순간 자연스럽게 나와야 하는 한숨과 아쉬움 섞인 목소리, 그리고 담임인 내게 약간 원망 섞인 표현을 자기도 모르게 툭~ 던지는 건 너무 자연스러운 반응이다. 아주 자연스런 욕망의 감정 표현이다. 그리고 그 정도는 해도 된다. 더 나아가 할 수 있어야 한다. 그리고 나는 그 순간 아이의 그 말을 기다린다.

○ 감정 표현이 서툰 아이들

내면의 욕구가 좌절되었을 때 그 감정을 표현하는 건 그만큼 표현에 대한 상처가 적다는 의미다. 그리고 그만큼 감정 표현이 건강하다는 뜻이다. 그런 아이들과 상담을 하면 진전 속도가 빠르다. 언제든 과거를 회상하고, 내면의 기억과 감정들을 꺼내어 표현할 수 있기 때문이다.

그런데 그 순간 아무 말도 하지 않고 자리에 그냥 조용히 앉아 수업을 준비하는 아이가 있다. 수업하는 것이 워낙 더 좋아서, 학습동기가 높아서 그런 아이도 드물게 있다. 하지만 대부분은 뭔가 감정 표현이 서툰 아이들의 경우 그렇다. 영민이가 그랬다. 일부러 영민이에게 묻기까지 했다.

"심부름 다녀오느라 못 놀아서 너무 아쉽겠구나."

영민이의 대답은 간결했다.

"괜찮아요. 그럴 수도 있죠."

사실 아이들 입장에서는 그럴 수도 있는 일이 아니다. 엄청 억울하고 서운할 일이다. 신나게 놀 수 있는 자리에서, 게다가 그 자리에는 자신 말고도 다른 아이도 많았다. 그 순간 자기만 심부름을 다녀왔다면 정말 운이 없거나 이해가 되지 않는 상황이어야 맞다. 그런데도 전혀 서운하지도 아쉽지도 않다는 말과 표정을 보면서 안타까움이 몰려왔다. 엄밀히 표현하면 감정 표현이 통제된 아이들이다. 감정 표현이 통제되었다는 뜻은, 표현하고 싶은데 스스로 그 감정을 억누른다는 의미가 아니다. 감정 자체가 올라오지 않는 것을 말한다. 짜증이 날 만한 부당한 일이고, 화가 나는 상황임에도 불구하고, 그런 감정 자체가 마음속에서 요동치지 않는다는 건, 감정의 출구 자체가 막혀버린 모습이다.

○ 명령과 지시의 말들에 노출된 아이들

겉으로 보기에 감정 표현이 통제된 아이들은 엄격한 규칙도 잘 따르는 예의 바른 모습으로 보인다. 또는 아주 착실한 아이로 보인다. 안타깝지만 자연스러운 아이들의 모습이 아니다. 여러 번 이야기했지만 감정은 조절하는 것이지 통제의 대상이 아니기 때문이다. 이렇듯 감정이 통제의 대상이 되어버린 아이들 중 대부분은 양육자의 '명령'과 '지시'에 영향을 받은 경우가 많다. 사실 부모의 명령은 아이의 어린 시절부터 시작된다. 그리고 일상에서 작은 언어습관이 된다. 예를 들면 이런 것이다.

"밥 먹어!"

"이빨 닦아!"

"그만 놀고 공부해!"

그 와중에 싫다고 하면 부모는 더 큰 목소리로, 또는 더 큰 화를 낸다. 명령한 다음에 아이들이 짜증내거나 싫다고 하면 부모 입장에서 화를 내고 혼낸다. 결국엔 힘으로 눌러버리는 것이다. 아이들이 이런 패턴에 익숙해지면 아이들은 아예 감정을 드러내지 않는다. 더 나아가 감정이 사라진 듯 보인다. 명령 뒤에 따라오는 것에 감정적인 저항을 해봐야 더 큰 힘겨움들이 따라오기 때문이다.

말에는 존중감이 있어야 한다

아이들에게는, 특히 어릴수록 명령을 하지 않는 것이 중요하다. 그러기 위해서는 다음에 이어지는 일이 무엇인지 미리 말해주어야 한다. 예를 들어 엄마 입장에서는 밥을 먹고 놀이터에서 더 놀 수 있다는 사실을 알지만, 아이 입장에서는 이제 그만 밥 먹으러 가자는 말에 싫다고 말할 수밖에 없다. 밥 먹으라는 지시형 표현 뒤에 다른 설명이 없기 때문이다.

놀다가 갑자기 밥 먹으라는 이야기를 들은 아이와, 놀기 전에 놀고 나서 밥 먹고 또 놀 거라는 설명을 들은 아이는 행동이 다를 수밖에 없다.

표현하는 '말'에는 기본적으로 '존중감'이 있어야 한다. 그 존중감은 말을 부드럽게 하는 것이 아니라, 다음에 올 것들을 미리 알려주는 것이다. 그러면 명령을 하기 전에 아이들은 자연스럽게 그 일을 받아들인다.

"밥 먹어!" VS "밥 먹고 또 놀 수 있어!"

똑같은 느낌표가 찍혀 있어도, 아이들은 전혀 다르게 느낀다. 앞의 느낌표는 몽둥이고, 뒤에 있는 느낌표는 장난감 막대기이다. 명령이 아닌 이어질 상황에 대한 친절한 설명이 아이들의 감정을 살려준다.

'밥 먹고 또 놀 수 있는 거구나. 재미있겠다.'

07

지나친 염려와 걱정의 말들

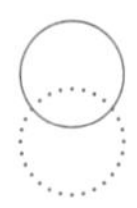

"아이들이 '무조건적인 사랑'을 누군가로부터 받는다고 느끼는 것은 작은 신호에서 온다. 그 신호는 바로 '긍정 신호'이다."

무조건적인 사랑을 느끼게 하는 아주 사소한 말

초등 학부모 강연을 하면서 질문을 통해 '분노 조절'에 어려움을 느끼는 분들이 많다는 것을 알게 되었다. 그래서 '분노'와 관련한 여러 자료들을 찾다가 우연히 알게 된 사상가가 바로 '아룬 간디'다. 그런데 그가 집필한 《분노 수업》이라는 책을 읽으면서, 아룬 간디가 '누구로부터 큰 사랑을 받게 되었는가'가 궁금했다.

대부분 마하트마 간디는 익히 들어 알고 있을 것이다. 인도의 성자聖者라고 불리는 분이다. 그분의 손자 중 한 사람이 바로 아룬 간디이다. 아룬 간디는 할아버지에 대한 추억을 간직하고 있었다. 훗날 그는 저서를 통해 할아버지에 대한 기억을 이렇게 표현한다. 할아버지는 그저 아주 작은 체구에 물레를 돌리는 어느 노인이었다고 말이다. 아룬 간디는 어린 시절 할아버지를 만나기 위해 기차에서 내려 10킬로미터 정도를 걸어갔다고 회상하면서, 그 먼길을 걸어왔다고 이야기하자 할아버지 간디는 이렇게 말해주었다고 한다.

"정말 훌륭하구나."

그렇게 말하면서 뺨에 몇 번씩 키스를 하던 할아버지에게서 그는 무조건적인 사랑을 느낄 수 있었다고 회고한다. 그 무조건적인 사랑이야말로 자신에게 가장 필요했던 축복이었다고 표현했다.

축복이라는 표현은 그저 평범한 일상 중에 사용하는 말이 아니다. 아룬 간디가 그렇게까지 표현한 이유는 그만큼 생애 전반에 각인이 될 정도로 깊게 느꼈다는 뜻이다. 누군가에게 무조건적인 사랑을 받았다는 그 작은 기억 하나만으로도, 한 사람의 '자존감'에는 엄청난 영향을 준다. 그리고 주체적 자아自我로 성장하는 데 중요한 역할을 한다. 마하트마 간디는 단 한마디 했을 뿐인데, 그리고 포옹하며 키스를 해주었을 뿐인데, 손자 아룬 간디는 무조건적인 사랑을 느꼈던 것이다. 그리고 그의 삶에 중요한 전환점이 된다. 어떻게 그것이 가능했을까?

○ '무조건적 사랑'을 받는다고 느끼는 '긍정 신호'

누군가를 소중히 대할 때, 사실 그것을 알아채는 데는 많은 시간이 걸리지 않는다. 한순간 알게 된다. 아이들은 '무조건적인 사랑'을 받는다고 어디에서 느낄까? 복잡하고, 어렵고, 심오하고, 알기 어려운 것이 아니다. 바로 작은 신호에서 오기 때문이다. 너무 작은 신호라서 알아채기 어려울 뿐이다. 그리고 설마 '겨우 그것 때문에?'라는 의구심마저 든다. 그 신호는 바로 '긍정 신호'다.

마하트마 간디는 몇 년 만에 만난 어린 손자 아룬 간디의 첫 마디를 알아차린다.

"저는 역에서부터 여기까지 걸어왔어요."

어린아이가 걷기에는 먼 10킬로미터를 걸어왔다는 표현에는 스스로에 대한 대견함과 함께 할아버지로부터 칭찬을 듣고 싶다는 원의原意가 있었다. 할아버지 간디는 그 원의에 대한 대답으로 '긍정 신호'를 보냈다.

"정말 훌륭하구나."

덧붙여서 포옹과 키스를 해준다. 만약 할아버지 간디가 손자 아룬 간디에게 이렇게 말했다면 어땠을까?

"힘들 게 뭐하러 그랬냐. 그냥 차 타고 오지."

아마도 아룬 간디는 할아버지의 염려 섞인 부정적 표현에 '무한 사랑'을 느끼지 못했을 것이다.

무한 사랑을 느끼지 못하게 하는 염려와 걱정의 말들

우리는 일상에서 긍정 표현과 부정 표현이 매우 상반된 표현이라고 생각한다. 그런데 대부분의 부모님들이 하는 부정적 표현은 사실 아이를 생각하는 염려와 걱정 때문에 시작된다. 그런데 아이들은 그 염려와 걱정 속에서 '무한 사랑'을 느끼지 못한다.

염려와 걱정을 한다는 것은 그 내면 깊숙한 곳에 '너를 믿지 못하겠다'는 표현이 숨어 있기 때문이다. 《하버드 상위 1퍼센트의 비밀》의 저자 정주영 작가는 《어린이를 위한 하버드 상위 1퍼센트의 비밀》 서언序言에서 이렇게 말한다.

"부정적 신호가 들어오면 학생들의 작업 기억력은 매우 훼손됩니다. 문제를 푸는 데 써야 할 작업 기억력들이 심리적 방어기제를 만드는 데로 흘러들어 가는 것이죠."

아이들이 무언가를 어렵고 힘들지만 성취했다고 하는 순간에는 적극적인 '긍정 신호'를 주는 것이 좋다. 염려스런 마음과 걱정스런 생각이 앞서는 마음에 이렇게 말하는 것들은 삼가야 한다.

"힘들 텐데 그냥 편하게 하지."
"굳이 그렇게까지 할 필요는 없었어."
"그거 한다고 누가 알아주는 것도 아니야."
"그건 별로 중요하지 않아. 그 시간에 다른 걸 더 해."

우리 아이를 크게 나무라지도, 혼내지도, 분노하지도 않은 그저 일상에서 작고 단순한, 조금 염려 섞인 '부정 신호'였을 뿐인데, 그 작은 신호에서 우리 아이들은 무한 사랑을 느끼지 못한다. 아이들에겐 오직 나를 믿지 못하는 부모만 있을 뿐이다.

"정말 훌륭하구나."

이 말은 생각보다 그리 어려운 말이 아니다.

08

아이를 평가하고 판단하는 말들°

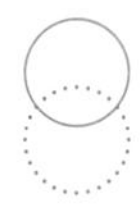

"내성적인 아이들이 새로운 것을 하기 싫은 이유는 단지 누군가 만나는 것 때문만은 아니다. 그 이면에는 '평가'라는 요소가 들어 있다. 사람들로부터 평가받는 위치에 놓이게 될까 봐 두렵기 때문이다."

○ 보이지 않는 평가의 언어들

무언가 시작하는 것에 두려움이 큰 아이들이 있다. 그런데 부모 입장에서는 아이들이 '시작'을 두려워한다고 생각하지 못한다. 부모가 보기에 너무 쉽고 어려운 것들이 아니기 때문이다. 또 아이들 생각에도 난이도가 매우 어렵거나 대단히 힘든 것이 아니지만 두려워하기도 한다. 그래서 부모는 우리 아이가 그냥 하기 싫어한다고 생각한다. 또는 관심이 없는 거라고 판단한다.

많은 경우 아이들이 새롭게 하는 것들에 대해 망설일 때는 재미와 관심이 없어서라기보다, 뭔가 모를 불안과 두려움 때문이다. 그러한 아이 마음도 모른 채 일단 부모 관점에서 이것저것 경험시켜주고 싶어 다음과 같이 물어본다.

"수영 배워볼래? 5명 소그룹으로 한데. 물놀이 한다고 생각해. 재밌겠지?"
"독서 논술 학원이 있어. 가면 재밌는 책을 마음껏 읽을 수도 있구."
"이번 주말에 역사 체험하는 게 있거든. 몇 명이 그룹으로 다니면서 역사 해설 선생님이랑 소풍 가듯이 다니는 거래."
"일단 그 수학 학원에 가봐. 수학을 정말 잘 가르친대. 너 수학 잘하고 싶다고 하지 않았어?"

정말 재미있을 것처럼 비위를 맞춰가며 이야기해준다. 이렇게 노력해서 말해도 일단 뭔가 새로운 걸 하라고 말하면 바로 거절하는 아이들이 있다. 그들의 대답은 더욱 간결하면서 한결같다. 비집고 들어갈 틈도 보이지 않는다.

"싫어요."
"안 할래요."
"꼭 가야 해요?"

부모 입장에서 보면 속이 답답하다. 어떤 학부모는 아예 묻지도 않고 그냥 데려갔다는 후기를 SNS에 자랑처럼 올려놓기도 한다. 물어봤자 안 한다고 할 게 당연하니 일단 시켜보라고 한다. 그러면 대부분 억지로라도 한다는 것이다. 운이 좋으면 재미있게 한다고 말하기도 한다.

아이들이 무언가를 하기 싫다고 하는 이유는 재미가 없을 것 같아서가 아니다. 새로운 누군가를 만나야 한다는 것 자체가 부담이고 스트레스로 다가오기 때문이다. 대한민국 아이들 70퍼센트 이상이 내성적이기 때문에 자연스러운 모습이다.

◌ 평소에 무심코 건네는 '평가의 말들'

내성적인 아이들이 정말 새로운 것을 하기 싫은 이유는 단지 누군가를 만나는 것 때문만은 아니다. 그 이면에는 '평가'라는 요소가 들어 있다. 사람을 만나는 것이 싫다기보다 그 사람들로부터 평가받는 위치에 놓이는 것이 두렵기 때문이다. 특히 작은 일에도 평가를 받아왔던 아이들이라면 더욱 민감하게 반응한다. 작은 평가들은 이런 것이다.

"가서 궁금한 것들 있으면 열심히 물어봐. 알았지?"

"가서 열심히 해. 열심히 배워서 한 달 지나면 다음 단계로 넘어가자."

"일단 적극적으로 해야 해. 그래야 눈에 더 띄지."

부모님들이 평소 자주 하는 말이다. 많은 부모님들이 위 표현을 '평가'라고 여기지 않을 것이다. 보통 평가라면 점수를 이야기하거나 누구보다 더 잘했다 못했다 어떤 비교가 들어가야 한다고 생각한다. 물론 비교는 하고 있지 않다. 잘했다 못했다 이야기도 없다. 하지만 간단히 요약하면 이런 말이다.

"열심히 했니?"

안타깝지만 아무도 평가인 듯 모르면서 늘 쉽게 평가하는 말이다. 가장 심한 평가이기도 하다. 열심히 하지 않으면 '잘못'이라는 뜻이 들어 있다. 한편 그동안 열심히 안 해왔다는 뜻이기도 하다. 또 앞으로 열심히 할지 잘 믿지 못하겠다는 뜻도 된다. 정말 열심히 안 해도 되고, 가서 하고 오기만 해도 된다면 표현은 이렇게 바뀌어야 한다.

"다녀왔어?"

그리고 끝이다. 이게 평가 없는 말이다. 그냥 다녀오기만 해도 괜찮다. 아이 나름대로는 엄마가 없는 그곳에서 무언가 하고 왔다. 엄마가 없는 곳에서 말이다. 다녀왔냐고 인사처럼 말하고 그 이상의 말을 가급적 삼가는 것이 좋다. 그 상태에서 멈춰주는 것이 아이들 입장에서는 자신을 믿어주고, 더 이상의 평가에 연연하지 않아도 되는 상황을 만들어준다.

평가 없는 말은 자존감을 높인다

보통 자존감이 높은 아이들은 평가에 민감하게 반응하지 않는다. 평가에 대해 받아들일 부분이 있으면 수용하고 그렇지 않다고 생각하면 버린다. 주체적으로 수용하기 때문이다. 이 밖에도 자존감이 높으면 좋은 점들이 참 많다. 그래서 학부모님들이 궁금해한다.

"우리 아이가 어떤 질문에도 주눅들지 않고 자존감이 높아지는 방법이 뭘까요?"

이런 질문의 기저에는 이런 심리가 있다.

'일단 자존감으로 무장시켜놓고 그다음에 이것저것 막 시키는 거야. 그래도 자존감이 높으니까 상처받지 않겠지.'

안타깝지만 그렇게 될 수는 없다. 자존감은 다른 것들보다 먼저 높일 수 있는 게 아니다. 일상생활을 하면서 그 과정에서 생기거나, 있는 것마저 없어지거나 한다. 부모들은 마치 자존감을 일단 최대치로 끌어올려놓고 그다음에 아무 말이나 막 해도 우리 아이가 끄떡없기를 바라는 마음 같은 게 있다. 미안하지만 그런 건 없다.

"오늘 학원에서 열심히 했니?"

이 말은 아이들 자존감에 금이 가는 작은 평가 질문이다. 그냥 이렇게 말하는 것이 좋다.

"다녀왔어? 밥 먹자."

다녀온 것만으로도 밥을 먹을 수 있는 집, 그런 집에 살아야 자존감이 올라간다. 그리고 평가에 민감해지지 않는다.

09

관계만 나빠지는 말들°

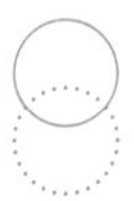

"아이들의 스트레스 상황을 감안하지 않고 무심코 물어보는 말들은 생각보다 감정의 깊은 골을 만들어낸다."

◌ 어른들도 답지 없는 문제집을 풀어야 한다면?

학교마다 조금씩 다르겠지만 요즘 학교에서는 숙제를 많이 내주지 않는다. 숙제를 내주더라도 아이가 집에서 혼자 할 수 있는 분량과 난이도를 조절한다. 아이의 숙제가 부모 숙제가 되지 않게 하기 위해서다. 특히 수행평가에 반영되는 것들은 자칫 과열 경쟁이 될 수 있기 때문에 가정에서 해오라고 하지 않는다.

하지만 학원은 상황이 다르다. 아이들이 집에서 해와야 할 것들을 충분히 제시해주어야 나름 신경 쓰는 학원이라는 인식을 줄 수 있다. 그래서 학생들의 숙제에 신경을 많이 쓴다. 숙제뿐 아니라 그 숙제를 해오기 위한 노트를 학원에서 자체 제작하기도 한다. 자체 제작을 한다는 의미는 학원을 등록한 사람에 한해서 받을 수 있다는 일종의 '회원제'인 셈이다. 그 학원을 다니지 않으면 받을 수 없는 교재이기 때문에 엄마들 입장에서는 불안하다. 우리 아이만 뒤처지게 할 수 있다는 걱정이 앞선다. 그래서 비싼 학원비를 들여 학원을 등록하고 결국 몇십 만 원짜리 프린트물을 사게 되는 것이다.

이름이 알려진 학원에서는 자체 문제집을 족보처럼 만들어서 숙제로 내준다. 복사한 문제지들을 스프링으로 제본한 형태다. 대부분 문제만 있고 정답 및 해설은 없다. 답지가 없는 이유는 학원에서 수업을 들어야만 풀이과정을 알 수 있게 하기 위해서다. 답안지가 없기 때문에 아이들이 숙제를 하는 동안 어떻게 해서든 끙끙대며 풀어야 한다. 대부분은 문제의 난이도가 높다.

아이들은 숙제라는 이름으로 학원 심화형 수학 문제집을 고심하며 풀어야 한다. 능동적으로 풀어낼 수 있는 아이들보다 억지로 뒤쫓아가는 아이들이 훨씬 더 많다. 뒤쫓아가더라도 혼자 힘으로 고심하며 문제를 푸는 건, 그 행위만으로도 학습에 긍정적 기능을 할 수 있다.

문제는 학원 숙제가 한두 문제만 풀어 오라고 하는 경우는 거의 없다는 것이다. 또 숙제는 수학 문제집만 있는 것도 아니다. 영어도 해야 하고, 국어 논술도 해야 한다. 더구나 학기 중에는 학교 수업도 들어야 한다. 아이들은 학교가 끝나면 바로 수학 학원을 가기 때문에 혼자 고민하며 문제 풀 시간이 없다. 결국 문제집에 대충 고민한 흔적들만 남기는 경우도 있다. 나름 노력했다는 증거를 만드는 것이다.

또는 같은 학원 다니는 친구들끼리 모여서 정답을 공유한다. 서로 풀 수 있는 문제를 베끼는 것이다. 아이들의 관심은 수학 문제집을 푸는 것이 아니라, 오늘 학원 가서 혼나지 않을 정도만 답을 알아내는 것이다.

점심시간에 놀지도 못하고 정답을 알아내기 위한 노력을 보고 있자면 안쓰럽기까지 하다. 물론 베끼는 과정 자체가 인정될 수 있는 건 아니다. 그래도 감정적으로는 이해가 된다. 우리 아이들이 학원 숙제를 하기 위해 고생하고 있다는 건 사실이니까.

부모가 보기에 거의 풀지 않고 놀고 있는 것 같아도 아이들은 고생을 하고 있다. 정답지가 없는 문제를 받는 것만으로도 심리적 부담감은 매우 크다. 만약 아이들뿐 아니라 부모도 매일 답지 없는 문제집을 풀어야 한다면, 많은 부모님들이 그 학원을 계속 다니고 싶을까?

◌ 스트레스로 부정적 감정이 쌓이는 아이들

위와 같은 학원 숙제 이야기를 하는 배경은 '스트레스' 때문이다. 부모들이 생각하는 것 이상으로 아이들은 학원 숙제에 강한 '스트레스'를 받고 있다. 학교에서 아이들은 쉬는 시간이나 점심시간에 놀지도 못하고 숙제를 베끼고 있다. 주말이 싫다고 하는 아이들도 생겨나고 있다. 학교에서는 그나마 친구 숙제를 보고 베낄 수라도 있는데, 주말엔 집에서 혼자 해야 하기 때문이다. 주말이라고 학원을 안 가는 것도 아니다. 결국 초등 고학년이면 이미 상당한 수준의 숙제에 대한 부정적 감정이 축적되어 있을 것이다. 그런 줄도 모르고 집에 가면 엄마가 물어본다.

"학원 숙제 했어?"

엄마로서는 당연히 물어볼 수 있는 말이라고 생각하는데, 이 말을 들은 아이의 표정이 별로 좋지 않다.

"숙제는 내가 알아서 한다니깐!"

숙제도 안 해놓고 오히려 당당하기까지 하다. 이런 감정적 짜증을 내는 아이를 보면, 부모로서 기분이 좋지 않음은 말할 것도 없다. 그럼 늘 하듯이 똑같은 스토리로 혼을 낸다.

"지금 네 학원비로 들어가는 돈이 얼만지 알아?"

더 이상의 대화는 진전이 어렵다. 아이의 감정은 답답함과 화로 가득찬다. 짜증나는 정도로 표현하지만 감정은 점점 더 상한다. 아이는 나름 어떻게 해서든답을 베껴서라도 숙제를 하려고 학교에서 놀지도 못하고 있었다. 그런데 집에서는 숙제도 제대로 안 하냐는 듯이 물어본다. 그것도 집안의 경제적 상황까지 안 좋게 만드는 주범이 된 듯한 말을 들으면서. 아이 입장에서는 뭘 더 어떻게 해야 할지 잘 모른다. 억울하고 답답하고 '화'만 차곡차곡 쌓여가는 것이다.

◌ 아이가 감당하기 힘든 상황에 건네는 불신의 말들

아이들의 스트레스 상황을 감안하지 않고 무심코 물어보는 말들은 생각보다 깊은 감정의 골을 만든다. 무언가 잘못해서 꾸중을 듣는 건 두렵긴 해도 감정이 상하진 않는다. 또 잘못한 것들에 대한 꾸중으로 '화'를 쌓아가는 아이는 없다. 본인이 잘못한 것이라는 명확한 인식은 오히려 감정 정리를 빨리 해준다.

문제는 아이 자신도 감당하기 어렵거나 힘들게 해나가는 것들에 대한 불신이 아이의 감정을 파고든다. 가만히 있어도 스트레스를 받는 상황에서 추가 질문들은 감정을 상하게 하기 때문이다.

"공부 중에 스마트폰 하고 있었던 거 아냐?"

"어제 학원 늦었다면서, 편의점에서 뭐 사먹고 있었지?"

"제대로 씻은 거 맞아?"

"먹는 거 조절 좀 하라니까."

아이가 스트레스를 받고 있는 것엔 훈육 아닌 인정

우리 아이가 평소 스트레스를 받고 있는 것들이 무엇인지 알고 있어야 한다. 그래야 아이 감정의 취약한 부분을 보호해줄 수 있다. 그러기 위해서는 직접적으로 물어보는 것도 좋다. 아이들마다 다양한 대답을 할 것이다. 학원, 친구관계, 키, 몸무게, 외모, 공부 등 각자 다 다르다.

중요한 건 그 부분에 대해서는 훈육이나 질문이 아닌 '인정'이다. 스트레스를 받고 있다는 사실을 일단 인정해주는 모습만으로 아이들은 감정 소모를 하지 않는다.

"아이에게 자주 화내고 그로 인해 힘든 엄마들을 위한 조언!"

Q. 보통 엄마들이 초등 아이에게 화를 내는 이유가 뭔가요?

많은 사례가 있겠지만 일단 공통적인 이유가 있습니다. 분명 몇 번씩 말했는데, 아이들이 똑같은 잘못을 반복적으로 행할 때입니다. 엄마 입장에서는 답답하고 짜증이 날 만하죠. 엄마 컨디션이 좋고 기분 좋은 날은 그럭저럭 지나가지만, 요즘처럼 코로나 피곤이 누적된 상황에서는 버럭 화를 내게 되죠. 그렇게 화를 내고는 또 미안한 마음이 가득차고, 후회를 하고, 그런 상황이 자꾸 반복되죠. 일단 이렇게 생각하면 좋겠습니다. 화를 내도 됩니다. 그리고 꼭 화를 내야 할 때도 있습니다.

Q. 꼭 화를 내야 할 때요? 그게 언젠가요?

누군가에게 피해가 갈 것을 예상했음에도 의도적으로 거짓말을 하거나, 어떤 상황을 꾸몄을 때는 화를 내셔도 됩니다. 예를 들어 맘에 안

든다는 이유로 그 친구가 수치스럽다고 느낄 만한 이야기를 꾸며서 소문을 냅니다. 혹은 SNS에 올립니다. 이럴 땐 화내고 야단치셔야 합니다. 그런데 이상하게도 이런 상황에는 부모님들이 화를 잘 내시지 않더라고요. 상당히 이성적이 되면서 이렇게 생각을 하십니다. '저 아이가 우리 애에게 뭔지 몰라도 나쁘게 했으니까… 우리 애가 그렇게 한 거겠지…' 하면서 어떻게든 이해하려고 합니다. 근데 그때는 화를 내셔야 해요. 그래야 아이가 자신이 얼마나 잘못했는지 그 심각성을 직감적으로 배웁니다. 그럴 때 아이를 공감하고 두둔하는 행위는 지속적인 잘못을 용인하고, 더 큰 잘못으로 확대됩니다.

Q. 듣고 보니까 부모님들이 화를 내야 할 때는 참고, 오히려 참아야 할 때 화를 내고 그런 경우도 꽤 있겠어요.

초등 1학년 아이가 미술시간에 선을 따라 가위질을 해야 하는데 자꾸 삐뚤거려요. 그 아이에게 화를 내야 할까요?

Q. 아직 가위질이 서투니 화를 내면 안 되죠.

예, 그렇습니다. 옆에서 가위질을 잘하라고 어제 말했다고, 오늘 갑자기 잘하게 되는 건 아닙니다. 마찬가지로 조용히 하라고 오늘 얘기했다고 해서, 그간 큰소리로 말하던 습관이 내일 당장 바뀌지 않습니다. 일단 부모 입장에서 뭔가 내 안에 불편함이 다가올 때, 그 순간을 잘 캐치하셔야 합니다. 아이가 신발을 대충 벗어놓고 들어오는 게 자꾸 거슬리는 건지, 아이 말투에 짜증이 섞여 있는데 그게 나를 화나게 만드는 것인지, 나를 거슬리게 하는 그 순간들을 한번 기록해놓으면 좋습니다. 그리고 길을 걷다가, 지하철을 타고 가다가 천천히 생각해보세요. 왜 나는 아이의 특정 행동, 말투에 자꾸 화가 나고 뭔가 불편한지를 말이죠. 마치 화두처럼 들고 다니면서 천천히 생각하는 과정을 며칠 하다보면 전혀 의도하지 않은 순간에 통찰이 옵니다.

Q. 어떤 통찰이요?

그 화와 짜증이 아이로부터 온 게 아닌 경우가 많거든요. 아이의 어떤 말투, 행동, 표정 등이 나를 힘들게 했던 사람들을 연결해주는 역할을 했을 때, 혹은 다른 이유로 이미 지치고 짜증이 올라와 있는 상태에서 아이로 인해 버럭 화가 터져버리는 경우가 많습니다.

Q. 솔직히 부모라고 모두가 자기감정을 잘 조절하고 인격적으로 완성된 게 아니잖아요. 아이의 잘못은 아니지만 화를 내버렸어요. 그다음엔 어떡하죠?

화를 낼 수도 있어요. 근데 아무리 화가 나도 하지 말아야 할 것이 두 가지가 있는데요.

첫 번째는 손을 대는 행위입니다. 어떤 행위를 하지 못하도록 붙잡는 것과, 손으로 가격하는 것과는 천지 차이입니다. 예를 들어 바닥에 드러누워 떼쓰는 아이가 있습니다. 그때 아이의 두 팔을 잡고 일으켜 세우고, 힘으로 붙잡아 놓는 건 아이를 안정시키겠다는 의지와 노력이 반영된 겁니다. 하지만 그냥 뒤집어 놓고 엉덩이를 때리는 건 분노를 푸는 행위입니다. 그 아이를 보호하는 행위가 아니죠. 아이는 배웁니다. 분노하면 때려서 푸는 거라고 말이죠.

두 번째는 모욕적인 언어를 사용하지 않는 겁니다. 아이는 화가 난 감정을 표현하는 것만으로 크게 상처받지 않습니다. 잠시 두려울 순 있어도, 엄마의 감정이 곧 다시 돌아올 것이라는 걸 알기 때문에 미워하진 않아요. 하지만 모욕적인 표현은 상처를 남기고, 언젠가는 다른 누군가에게 똑같이 행하게 됩니다.

Q. 맞는 말이긴 한데 솔직히 폭력과 모욕적인 언사, 배운다고 하셨잖아요. 자라면서 부모에게 한 번도 안 맞고, 모욕적인 말 한두 번 안 들어본 어른은 많지 않을 거예요. 근데 내 아이에겐 그러면 안 되잖아요. 화를 어떻게 내야 하는지도 잘 배워야 할 것 같아요.

예, 맞습니다. 전반적으로 한국 사람들이 화를 어떻게 내야 하는지 잘 모릅니다. 일단 처음에는 참아요. 참는 사람들이 대부분이에요. 그래서 '화병'이 생기죠. '참을 인忍 세 번이면 살인도 면한다'고 배우면서 컸습니다. 그런데 그렇게 참기만 하다가는 결국 화에 대한 컨트롤을 어떻게 하는지 배울 기회가 없어집니다. 중요한 건 화를 참는 게 아니라 어떻게 잘 내느냐에 달려 있습니다. 화도 일종의 감정입니다. '즐거움', '슬픔', '미움', '화' 등 모두 다 감정이죠. 감정은 느껴지는 것이고,

그 느낌은 어떤 방식으로든 방출하게 되어 있습니다. 느껴지는데 표현하지 않으면 내 자신을 속이게 되죠.

Q. 그럼 어떻게 하면 화를 현명하게 낼 수 있을까요?

'화'라는 감정은 다른 감정과 달리 그 목적이 있습니다. 바로 뭔가를 풀기 위해서입니다. 해결되지 않은 뭔가를 푸는 데 목적이 있죠. 그 목적이 달성되는 경우는 보통 세 가지입니다. 상대방이 왜 그런 언행을 했는지 납득되거나 이해가 될 때입니다. 내가 화를 냈는데 상대방이 이러저러한 사연이 있었다고 설명을 해줍니다. 들어보니 이해되고 내가 오해한 부분이 있어요. 그럼 풀리죠. 또 다른 경우는 화의 원인이 상대방이 아닌 내 자신에게 있다는 것을 알았을 때 풀립니다. 마지막으로 내가 화를 낸 것에 마땅한 이유가 있고, 그로 인해 타인이 자신의 잘못을 인정하고 미안하다고 말할 때 풀립니다. 이런 세 가지 목적을 달성할 수 있어야 합니다.

Q. 이걸 아이들에게 적용했을 땐요?

부모님들이 대부분 화가 나도 일단은 참아요. 그리고 표정으로 말하죠. 아이들은 다 느껴요. 부모가 지금 화가 난 상태이며 참고 있다는 것이 보이죠. 그런데 아무 말도 안 하고 참고 있으면 교육이 안 됩니다. 아이들을 교육할 때는, 특히 어릴수록 저학년이거나 미취학일 때는 구체적으로 알려줘야 합니다. 어떤 행동 때문에 엄마가 화가 난다고 표현해주는 것이 좋습니다. 사실 엄마가 화를 참고 있는 건 아이 입장에선 공포라는 긴장감을 주는 또 다른 폭력입니다. 엄마가 참고 있다가 언제 폭발할지 모르는, 그때까지의 기다림이 사실 제일 무섭거든요. 언제일지 모를 때가 가장 두려운 시간입니다.

Q. 그런데 '화'라는 게 늘 차분하게 올라오는 게 아니잖아요. 충동적으로 분노하는 경우도 많은데 이땐 어떡하죠?

일단 자리를 피하는 방법이 가장 좋습니다. 뭔가 폭발해서 분노를 쏟아내는 건 계획해서 하는 게 아니죠. 속에 충돌이 일고 그게 행동으로 나오기까지 길어야 30초 정도인데요. 분노 조절을 치료하는 과정에서, 이 30초를 매우 중요하게 생각해요. 가급적 30초 내에 자리를 피하거나 딴짓을 할 것을 권합니다. 그럼 위기의 순간을 일단 벗어날 수 있습니다. 하지만 평소 충동 조절이 심각하게 잘 안 되는 분들은 쉽지 않을 겁니다. 그런 분들은 전문가를 찾아가 치료를 받으셔야 합니다.

Q. 평소에 이런 분노조절이나 충동을 예방할 수 있는 방법은 없을까요?

스트레스가 쌓이면 화가 되죠. 그래서 스트레스를 잘 풀어야 하는데, 우리 사회는 이 스트레스를 주로 감각적으로 풉니다. 특히 마시고 먹는 감각으로 풀지요. 대표적으로 '음주'가 있습니다. 또 '불금' '먹방'이라는 단어를 만들어낼 만큼 대단한데요, 이 방법들도 나쁘진 않습니다. 문제는 이런 방법들이 거의 전부라는 거죠. 스트레스 관리엔 자신만의 정서적 위안이 될 수 있는 취미가 있으면 좋습니다. 아주 작은 것도 괜찮습니다. 가능하면 일정한 패턴으로 늘 지속할 수 있는 환경을 만들면 좋습니다. 출근하면서 듣는 음악, 라디오, 퇴근하면서 한 정거장 전에 내려서 천천히 산책하듯이 걷는 것, 또는 토요일 오후 같은 특정 시간을 정해서 좋아하는 활동적인 걸 하는 거죠.

Q. 화가 상처가 될 수 있는 만큼, 특히나 아이 키우는 부모는 자신의 마음을 잘 관리해야겠어요.

화를 내는 이유는 무언가를 풀기 위해서라는 걸 기억하면 좋겠습니다. 우리가 보통 언제 '풀다'라는 말을 사용하죠? 문제를 풀다, 코를 풀다, 매듭을 풀다, 수수께끼를 풀다. 이렇게 사용합니다. 화가 난다는 건, 마음에 뭔가 풀어야 할 숙제가 있다는 뜻입니다. 그냥 화를 내버리고 끝난다면, 어떤 문제해결 과정이 없다면 그 화는 의미가 없습니다. 마음속에 화가 올라온다면, 풀어야 할 숙제가 무엇인지 꼭 생각해보시기 바랍니다.

CHAPTER 03.

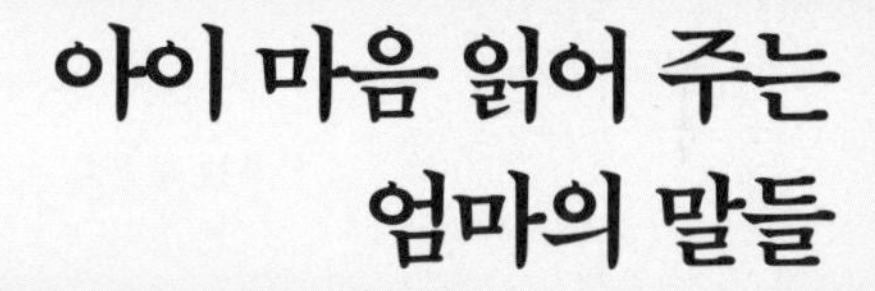

아이 마음 읽어 주는 엄마의 말들

01

아이의 노력을 인정하고 칭찬하는 말들

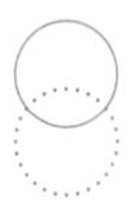

"'칭찬'은 감정이 아니다. 저절로 표출되지 않는다. 칭찬은 감정이 아닌 '반응'에 가깝다."

칭찬은 저절로 표출되지 않는다

보통 학부모님들이 아이를 위해 담임교사에게 가장 바라는 것이 무엇일까? 공부를 잘 가르쳐주는 것? 혼내지 않는 것? 좋은 생활방식들을 알려주고 습관으로 자리잡게 해주는 것?

학부모 상담 주간 또는 개별적인 상담 약속을 잡고 상담을 하다보면 자주 듣는 말이 있다. 아이 관련 여러 사안들에 대해 서로 의견을 주고받고 마지막쯤 이런 말씀들을 해주신다.

"우리 미연이 많은 관심 부탁드립니다."

"우리 영민이 많이 까불지만, 그래도 사랑으로 봐주세요."

"우리 선유, 요즘 들어 자신감이 많이 없어서요. 칭찬 좀 많이 해주세요."

'관심', '사랑', '칭찬', 그중에서도 학부모님께 가장 많이 듣는 말이 바로 '칭찬'해달라는 말이다. 사실 나 또한 자식 키우는 입장에서 우리 아이 담임교사에게 '칭찬'을 부탁하고 싶다. 실제로 담임교사의 칭찬이 아이들에게 큰 영향을 미치는 것도 사실이다. 담임교사는 아이들이 외부에서 만나는 그냥 타인이 아니기 때문이다. 외부에서 만나는 '특별한 권한 또는 권력을 지닌 타인'이다. 그런 사람으로부터 받은 칭찬은 성취감을 인정받는 계기가 된다.

이러한 인정은 자기 효능감 또한 높여주는 중요한 역할을 한다. 근본적으로는 자아 존재감도 높여준다. 엄마, 아빠, 할머니, 할아버지 이외의 어른에게서 받는 인정은 대인관계에서 자신감을 만들어준다. 칭찬을 통해 마치 보이지 않는 특권을 부여받은 것처럼 느껴지기 때문이다.

누군가에게 우리 아이 칭찬 좀 해달라는 말을 부탁할 때 부끄러워할 필요 없다. 망설이지 않아도 된다. 혹시라도 좀 유별난 학부모로 보이면 어떡하나 염려 또한 내려놓아도 된다. 부모라면 당연히 그 정도 욕심은 내도 된다. 특히 뭔가 주눅들고 의사 표현을 잘 못 하는 아이들이 있다. 그 아이들에게 부모가 아닌 외부 어른들권한자의 칭찬은 효과가 더 좋다. 주눅든 아이가 아니어도 마찬가지다. 작고 사소한 일이라도 아이가 칭찬받을 일이 생기는 건 좋은 일이다. 작고 사소해 보이는 칭찬 중에 아이의 진로에 결정적인 역할을 할 때도 의외로 많다. 아이들은 잘한다고 칭찬받는 것들에 자신의 꿈을 옮겨놓는다.

의외로 칭찬이 어려운 부모들

칭찬 못지않게 좋은 것이 있다. 바로 '격려'다. 사실 상황에 따라 칭찬보다 '격려'가 더 효과가 좋고 실용적일 때가 많다. 대부분의 칭찬이 어떤 결과에 치중한다면, '격려'는 과정과 실패 속에서 자주 등장하기 때문이다. 더구나 격려는 꼭 말이 필요 없다. 지쳐 보이는 아이에게, 친구 문제로 힘들어 하는 아이에게 힘내라는 의미의 눈빛, 그리고 고개 끄덕임만으로도 충분하다.

이쯤 하면 거의 칭찬 예찬론자처럼 보일 수도 있겠다. 그런데 더 중요한 것이 있다. 위와 같은 칭찬의 효과를 얻으려면, 제대로 된 칭찬을 해야 한다는 것이다. 칭찬은 잘해야 한다. 잘못하는 칭찬은 오히려 신뢰감을 잃을 수도 있다.

그런데 칭찬과 격려가 좋다고 하는데 생각보다 어렵다. 부모로서 아이에게 '화'를 내는 건 너무 쉽게 잘한다. 어디에서 배우지 않아도 저절로 된다. 그런데 칭찬은 왠지 자연스럽게 나오지 않는다. 화내듯이 칭찬할 수만 있다면 대한민국 아이들은 '자존감 100퍼센트'가 가능할 텐데 왜 안 될까?

솔직 담백한 리액션이 가장 좋은 칭찬!

'화'는 감정이다. 감정은 표출되는 속성이 있다. 내 안에서 어떤 욕구에 자극을 받으면 표출된다. 하지만 '칭찬'은 감정이 아니다. 저절로 표출되지 않는다. 칭찬은 감정이 아닌 '반응'에 가깝다. 보통 리액션reaction이라고 한다. TV 연예 프로그램을 보면 게스트가 등장하고, 그 게스트의 말과 행동에 주변 호스트들이 리액션을 해준다. 그 반응에 분위기를 타고 출연한 게스트는 자신의 이야기를 다 털어놓는다. 칭찬은 이와 비슷하다.

평소 아이의 행동에 리액션을 해주길 바란다. 과장된 리액션은 금물이다. 솔직 담백한 리액션이어야 한다. 아이가 말하고 행동한 것에 대해 정말 궁금해하는 마음이 있어야 솔직한 리액션이 나온다. 맞장구를 치거나 고개를 끄덕이는 것, 아이가 말하고 행동한 것에 궁금한 사항들을 물어보는 것, 모두 좋은 리액션이다. 적당한 감탄사 또한 좋다. 그럼 갑자기 궁금해진다. 리액션 말고 칭찬은 언제 할까?

리액션이 진짜 칭찬이다. 같이 놀라고, 같이 감탄하고, 같이 축하해주고, 같이 응원해주는 그 순간들이 진짜 칭찬이 된다. 살아가면서 다음과 같이 말할 수 있는 기회가 몇 번이나 될까?

"정말 잘했다. 자랑스럽다."

몇 번 안 된다. 그 몇 번 안 되는 순간을 칭찬이라 생각하면, 칭찬받을 일이 별로 없다. 칭찬은 매 순간 일어나는 반응 속에 힘을 발휘한다. 그 반응들은 과정을 북돋워준다. 그게 진솔한 칭찬의 순간들이다.

칭찬을 잘하고 싶다면, 작고 소소한 것들에 감탄하는 습관부터 들이는 것이 좋다. 감탄하는 습관은 그 자체로 아주 좋은 리액션이 된다. 좋은 리액션을 받은 아이는 감탄사 하나만으로도 엄청난 인정과 칭찬을 받았다고 생각한다.

"오!~"

"오~오!"

"역시~!"

칭찬은 리액션이다. 그것만 잘해도 충분하다.

02

아이를 응원하고 격려하는 말들

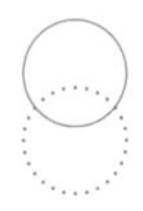

"아이들에게 있어 실패는 부모가 단정지을 때 결정된다. 격려를 받는 아이들에게 실패는 없다."

칭찬보다 더 힘이 되는 '격려'

앞에서 칭찬에 대한 이야기를 하면서 '화'를 언급했다. '화'는 감정이기 때문에 저절로 표현된다고 했다. 감정의 속성상 그렇다. 그래서 부모로서 화내는 건 연습하지 않아도 저절로 된다. 앞에서 칭찬은 '감정'이 아니라 '반응'이라고 언급했다. 이는 칭찬에 있어 어느 정도 의지意志 또는 리액션이 필요함을 의미한다.

더불어 '격려'도 언급했는데, 격려는 '과정에 대한 응답'이다. 사실 일상에서는 칭찬보다 격려의 순간들이 더 많이 필요하고 근본적인 힘이 된다.

이번에는 이러한 '격려'를 칭찬과 분리해서 좀 더 세밀하게 들어가 보겠다. '격려'에 대해 더 세밀하게 들어가는 이유는 아이 교육에서 너무 중요하기 때문이다. 아이를 정말 잘 키웠다고 하는 경우 대부분, 격려를 어떻게 사용하는지 너무 잘 아는 분들이다. 사실 그들에게는 격려가 일상이고 자연스러운 생활이다. 격려는 정말 효과가 좋다. 약으로 비유하자면 효능이 좋으면서 부작용은 거의 없다.

'막연한 격려'보다는 '구체적인 격려'

우선 격려의 효과부터 살펴보면 첫 번째, 격려는 아이들이 부모로부터 '분리'하는 과정을 즐기게 만들어준다. 사실 분리를 배우는 과정은 무척 싫다. 지금까지 익숙해진 것들로부터 벗어나야 하고, 그 과정은 두렵기 때문이다. 특히 어린이집에 다니기 시작할 때, 학교라는 보다 큰 집단에 소속될 때, 아이들에겐 무엇보다 격려가 필요하다.

이때의 격려에는 '간절함'이 함께 내포되어 있어야 한다. 잠시 떨어져 있다가 다시 만날 때 부모가 얼마나 기다렸는지 꼭 확인시켜주는 것이 좋다. 많은 부모님들이 이 순간, 어린이집에서 힘들지는 않았는지, 학교에서 어려운 일은 없었는지를 먼저 떠올리고 물어본다. 그 순간 가장 먼저 할 일은 너를 만나는 시간을 무척 기다렸다는 상징적 행위이다. 아이들은 부모의 표정을 보고 신뢰감을 얻는다. 신뢰감은 그 자체로 더 없는 격려와 지지가 된다.

두 번째, 격려는 '수치감'을 상쇄시켜준다. 격려가 효과적으로 작용할 때는 아이가 뭔가 '수치감'을 느끼기 직전 혹은 그 순간이다. 수치감을 느끼는 순간 누군가 옆에서 "괜찮아"라고 해주는 그 한마디가 큰 보호가 된다.

아이들은 많은 실수를 한다. 발표를 하다 틀릴 수도 있고, 달리기 시합 중 넘어질 수도 있다. 악기 발표를 하다 음정을 놓칠 수 있고, 축구를 하다 헛발질을 할 수 있다. 아이들이 타인의 시선에 가장 민감해지는 순간들이다. 이때 아이들이 가장 먼저 듣는 말은 "아무 문제없어. 괜찮아"여야 한다. "그럴 때는 이렇게 하라고 했잖아!"라는 말은 아무 의미가 없다. 격려를 통해 '수치감'이 상쇄된 아이는 비슷한 상황이 왔을 때 또 도전한다. 어차피 괜찮기 때문이다.

세 번째, 격려는 '안전감'을 준다. 사실 무언가 불안한 이유는 미래에 대한 불확실 때문이다. 지난번에 시험을 못 봤는데 오늘도 못 보면 어쩌지? 또 다음에도 성적이 좋지 않으면 어쩌지? 하며 지속적으로 더 큰 불안을 만들어낸다. 불확실성을 염려하는 순간에 주어지는 격려는 불안을 낮춰준다. 막연히 잘될 거라는 격려보다는 구체적인 격려가 힘이 된다. 그간 얼마나 노력했는지를 되짚어주는 것만으로도 구체적인 격려가 된다. 이러한 과정은 불안을 낮추고 안전감을 주어 실제 성공하는 과정과 경험을 높여준다.

부모가 할 수 있는 격려의 말들

격려에는 공통적인 기본 원칙들이 있다. 발달심리학자, 정신분석가, 사업가들이 말하는 격려의 원칙 3가지를 정리해보았다. 어떻게 격려를 해야 잘하는 걸까?

첫 번째, 일단 아이가 '슬퍼할 수 있는 시간'을 준다. 그것이 실패로 인한 것이든, 사람 관계의 단절과 배신에 의한 것이든 일단 우는 시간이 필요하다. 우는 과정을 통해 자신을 위로하고 감정의 역동을 쏟아낼 수 있다. 사실 쏟아내는 것만으로도 해소감이 들고 이제 스스로 그만 일어나야겠다는 셀프 격려를 하게 된다. 우는 감정마저 표현하지 않으면 오히려 무거운 돌덩이를 가슴에 얹은 채 깊은 우울로 들어간다. 소리 내어 울지 못하는 자신을 붙들고 계속 호수 바닥에 가라앉는 상태가 된다. 그 상황에서 격려는 소용없어진다.

두 번째, 어떻게 말해야 할지 모를 때는 '몸으로 격려'해준다. 말이 서툴 수도 있고, 어떻게 다가가야 할지 잘 모를 경우도 많다. 괜찮다. 말없이 눈물을 닦아줄 휴지 한 장을 건네주어도 된다. 말없이 직접 눈물을 닦아주어도 된다. 그냥 말없이 어깨를 잡아주거나 감싸 안아주어도 된다. 아이들은 말보다 손끝에 더 민감하다. 자신을 향한 부모의 손끝 행동 속에 위로와 격려를 느낀다.

섣부른 지도 및 훈계는 위로와 격려 후에 해도 늦지 않다. 실패했을 때 가장 힘든 사람은 아이 본인이다. 그 순간 아이에게 필요한 것은 그래도 너를 바라봐주는 우리가 있다는 행동적 표현이다. 말보다 격려의 손길을 먼저 느끼게 하면, 더욱 직접적인 위로가 된다.

세 번째, '다음에 또, 될 때까지'가 중요하다. 횟수에 제한을 두지 않는다. 횟수에 제한을 두지 않는다는 의미는 '성공'할 때까지 계속 기회를 주는 것을 의미한다. 부모의 표현 중에 많이 실수하는 부분이 있다. "그렇게 해서 되겠냐"라는 뉘앙스의 표현이다. 이 표현에는 결국 '해도 해도 안 될 거야'라는 잠재의식이 숨어 있다.

그와 반대로 "언젠가는 된다"라는 의미를 담은 표현이여야 한다. 될 때까지만 하면 된다. 그러면 성공이다. 그간의 실패는 그냥 과정이 된다. 너에게 언제든 계속 기회를 줄 테니, 멈추지만 않으면 된다는 말은 '무한신뢰'를 주는 말이다. 그 '무한신뢰'가 다시 일어나는 힘을 준다. 언젠가는 될 것이기 때문이다.

격려가 힘을 발휘하려면

사실 격려의 한계도 있다. 누군가에게 격려가 효과가 있으려면, 적어도 '바람desier'이 있어야 한다. 표면상 울고 힘들어도 내면에 변화와 성장의 욕구가 어느 정도 있어야 시너지 효과를 얻는다. 이미 자포자기한 상황에서는 '격려'만으로 어렵다. 학급에서 그런 아이들을 볼 때 가장 가슴이 아프다.

"소용없어요. 어차피 집에 가면 혼날 거예요."

이 아이에게는 격려가 별 도움이 되지 않는다. 아이의 시선이 고정되어 있기 때문이다. 그렇게 시선이 고정된 이유는 그간 '격려'라는 피드백을 거의 받아본 경험이 없어서이다. 격려의 단점은 이렇게 시선이 고정된 아이들에게는 힘을 발휘하지 못한다. 그들에게는 결국 '직면'이라는 도구를 사용해야 한다. 문제는 '직면'은 함부로 사용할 수 없다는 것이다. 정말 정제되고 숙련된 전문가가 사용해야 한다. 중요한 수술에 사용하는 '메스'와 같다.

한양대 교육공학과 유영만 교수가 '세상을 바꾸는 시간 15분'에서 이렇게 말했다.

"인생은 속도가 아니라 각도가 중요합니다."

각도가 고정된 사람에게는 어떤 말을 해도 소용이 없다. 아이들의 시선이 불안과 좌절이라는 각도에 고정되어 있지 않기를 바란다. 그들에게는 격려도 소용이 없다. 격려가 힘을 발휘하려면 최소한 고개를 살짝이라도 돌릴 여유가 있어야 한다. 그 순간부터가 격려의 힘을 받을 수 있는 최소 조건이 된다.

격려의 힘을 받을 수 있는 최소 조건

격려가 힘을 받을 수 있는 최소 조건을 만들어주려면 말보다 엄마의 표정, 손길이 우선이다. 어떻게 격려해주어야 할지 모를 때 일단 꼬옥 안아주는 것이다. 손으로 등을 토닥여주는 과정이 아이가 엄마의 격려를 받아줄 여유를 만들어준다. 아이는 말보다 표정, 손길, 목소리로 공감된 감정을 직관적으로 더 빨리 받아들인다. 그 뒤에 이어지는 격려의 말들은 효과가 좋다.

"괜찮아. 좀 쉬었다가 간다고 생각하자."

"엄만 하나도 부끄럽지 않아."

"다음에 또 도전하면 되지."

"괜찮아. 밥 먹자."

"기운 내."

아이들에게 있어 실패는 부모가 단정지을 때 결정된다. 격려를 받는 아이들에게 실패는 없다. 그들은 아직 성공하지 못했을 뿐이다. 그리고 계속되는 도전 중에 성취를 이룬다. 격려는 생각보다 힘이 세다.

03

아이가 속상해할 때 위로해주는 말들°

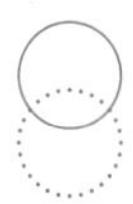

"위로는 뭔가 짐을 덜 때, 내 책임만은 아니라고 깨달았을 때 다가온다."

○ 아이의 속상함이 부모에게 전달될 때

아이들의 매일매일이 행복할 순 없다. 어느 날 아이가 어린이집에서 혹은 학교에서 다른 친구 때문에 속상한 일이 생겼다고 울고 들어온다. 또는 누군가에게 부당한 일을 당했는지, 방에 들어가서 혼자 분을 삭이고 있다. 이렇게 우리 아이가 속상할 때면 부모 마음도 속상하고 같이 화가 나기도 한다. 너무 속상한 나머지 다른 일상에 지장이 생길 정도다. 그런데 이런 질문을 드리고 싶다.

"정말 속상하신가요?"

"진짜 속상하신 것 맞나요?"

"어느 정도 속상하시죠?"

안타깝지만 부모도 자신의 감정에 속는 순간이 많다. 우리 아이가 학교에서 친구 관계로 속상해 울음을 터트리거나, 또는 실패와 좌절, 절친의 배신으로 인해 어떻게 감정을 컨트롤해야 할지 몰라 한다면? 그 순간 많은 부모님들의 마음을 잘 들여다보면 '속상함'이 아닐 때가 많다. '못마땅함'이 먼저 떠오른다. 때론 '답답함'이 가슴에 가득찬다. 결국 아이에게 처음에는 위로처럼 시작하지만 어느새 마침표를 다음과 같은 말로 장식한다.

"그래서 너는 그냥 가만있었어? 뭐라고 말을 했어야지."

"답답하게 가만있지 말고 너도 똑같이 말했어야지."

"다음에는 그렇게 당하지만 말고!"

"그러니까 맨날 당하는 거 아냐. 엄마가 어떻게 하라고 했어!"

아이가 속상함을 느끼고 그 속상함이 부모에게 전달되었다면, 그 순간 잠깐 멈추는 연습이 필요하다. 그 순간 다가오는 부모의 감정을 잘 살펴야 한다. 아주 잠깐이면 된다. 내가 나의 감정을 알아차리겠다는 생각으로 잠시 멈추면 된다. 그리고 스스로에게 질문을 던진다.

"지금 이 감정은 뭐지?"

가슴에 뭔가 답답함이 느껴지고 짜증이 함께 올라온다면, 그건 아이의 마음에 대한 속상함이 아니다. 만약 속상함이라면 공감이 선행되어야 한다. 공감 없이 뭔가 모를 답답함이 더 크게 다가온다면, 그건 그냥 엄마의 속상함이다.

또 그런 상황이 자주 반복되다보면 '나보고 뭘 어떻게 하라는 거냐'는 일종의 저항의 감정이다. 표현으로는 해결 방안을 알려주고 있지만, 결론적으로 '나는 관여하고 싶지 않다'라는 방임이 된다. 결국 아이는 청소년이 되었을 때 자신의 속상한 감정을 부모에게 감춘다. 아이 입장에서는 어차피 혼자 해결해야 하는 일이니까.

잘 기다려주고 잘 들어주는 일

아이의 속상함을 인지했을 때, 부모의 마음에 일단 '기다림'이 떠오른다면 그때가 바로 아이의 감정을 받아들일 준비가 되어 있는 순간이다. '기다림'이 떠오르지 않는다면 의식적으로 기다릴 필요가 있다. 간혹 직관적 능력이 뛰어난 사람들이 있다.

그들에겐 '기다림'의 과정이 필요 없다. 곧바로 아이의 속상함을 같은 강도로 느낀다. 그 순간 아이들은 위로와 공감받았음을 직감한다. 안타깝지만 이런 능력자들은 그리 많지 않다.

대부분은 어느 정도 상황 인지가 이루어진 후에야 그 속상함이 전달된다. 그 상황 인지를 위해 필요한 것이 바로 '기다림'이다.

일단 아이가 자신의 속상함을 마음껏 쏟아내도록 기다려주는 것이 중요하다. 그것이 울음일 수도 있고, 또는 누군가에 대한 욕, 짜증일 수도 있다. 물론 상대방에 대해 직접적인 폭력이나 그 사람이 있는 앞에서의 폭언은 막아야 한다.

하지만 엄마와 아이, 혹은 아빠와 아이 단둘이 있을 때, 자신의 속상함을 표현하는 데 있어서는 제약을 둘 필요가 없다. 아이는 본인이 얼마만큼 속상한지를 드러내고 싶을 뿐이다. 정말로 그 누군가를 해치고자 하는 것이 아니다. 부모에게 그 속상함의 강도를 알리고자 하는 욕구일 뿐이다. 그 욕구를 만족시키는 것은 일단 '기다리고 듣는 일'이다. 듣는 행위는 일단 너의 감정에 깊이 공감하고 있음을 알려주는 것이다. 그 후에 위로가 가능해진다.

◌ 진정한 위로는 책임을 나누는 일

위로는 '듣는 자세'부터 시작됨을 간과하는 부모님들이 참 많다. 그 이유는 맨 처음 질문했듯이 자신이 정말 속상한 건지, 못마땅한 건지 구분하지 못하기 때문이다. 다시금 강조하지만 위로에서 부모의 듣는 행위는 무척 중요하다. '듣기 자세'의 기본은 눈을 마주보고 끝까지 들어주는 것이다. 적당한 상황을 보아서 손을 잡아주거나 고개를 끄덕여준다. 대부분 5분도 채 걸리지 않는다. 생각보다 어렵지 않다.

아이가 속상해할 때마다 일단 들어야겠다는 작은 생각을 품고 있으면 된다. 단 유념할 것은 '듣는 자세'는 시작일 뿐이라는 것이다. 위로의 출발점은 맞지만 듣고만 있는다고 위로가 되지는 않는다. 잘 듣고 난 후 제대로 된 위로가 되기 위한 마침표를 찍어야 한다. 그 마침표는 바로 '책임'에 있다. 진정한 위로는 '책임을 나누는 일'이다.

"그건 너의 잘못이 아냐."

"그건 너 때문에 그런 게 아냐."

아이가 좌절하고, 속상하고, 화가 나는 이유는 그 모든 책임을 자신이 다 쥐고 가야 한다고 생각하기 때문이다. 아이가 잘못한 부분이 있다면, 그 부분에 대한 책임은 우리 아이도 스스로 질 수 있어야 한다. 그런데 모든 책임을 다 아이에게 지울 수는 없다. 그 짐에서 자유롭게 해주는 순간이 위로가 된다. 책임을 나누어 진다는 건 부모가 개입해야 할 때를 알아야 한다는 거다. 모든 걸 아이 혼자 다 해결하도록 강요하지 않아야 한다. 엄마 아빠가 바쁘다는 이유로, 혹은 뭘 어떻게 해야 할지 모른다는 이유로, 아이가 혼자 다 해결하게끔 방법을 알려주는 것은 위로가 되지 않는다. 결국은 감당 못 할 무게감만 더 느낄 뿐이다. 위로는 뭔가 짐을 덜 때, 내 책임만은 아니라고 깨달았을 때 다가온다. 이렇게 말해주면 된다.

"엄마가 선생님께 전화드려서 지민이랑 같이 짝 하지 않게 해달라고 말씀드릴게. 당분간은 좀 떨어져 지내게. 그 아이 때문에 너무 스트레스가 많은 것 같다. 어차피 모두 다 친하게 지낼 필요는 없거든. 그냥 절교해도 돼."

위로는 누군가로부터 주어지는 것이 아니다. 아이 입장에서 보물을 찾듯이 발견하는 과정이 필요하다. 그 발견에 부모가 잠깐 엑스트라로 등장해주면서 책임을 좀 덜어주면 된다. 강세형 작가는 저서《희한한 위로》에서 이렇게 말한다.

"어쩌면 위로는, 정말 그런 걸지도 모르겠다.

작정하고 내뱉어진 의도된 말에서보다는

엉뚱하고 희한한 곳에서 찾아오는 것."

아이에게 있어 어떤 고정된 엄마 아빠의 대답이 아닌, 가끔은 엉뚱한 대답이 더 진심으로 다가갈 때가 있다. 아이에게 위로가 필요한 순간에는 아이의 어깨에서 책임을 좀 덜어주면 된다. 위로의 순간에는 원리원칙을 고수할 필요가 없다. 그냥 우리 아이만 보면 된다.

04

아이에게 눈높이를 맞추는 말들

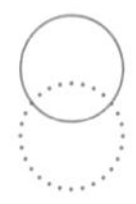

"우리 아이의 절대가치를 인정해주는 과정은 아이의 눈높이를 맞추는 언어에서 시작된다. 그 눈높이 언어를 통해 아이는 자신의 위치가 타인과 동등해질 수 있음을 알게 된다."

아이의 마음에 눈높이를 맞추는 일

낮은 수준의 시선에서 높은 수준의 시선을 맞출 수는 없다. 높은 시선에서 낮은 시선으로 내려와야 '눈맞춤'이 가능하다. 그래서 시선을 맞추는 일은 누군가를 마음에 담지 않고서는 불가능하다. 또 그 행위 자체로 누군가를 '사랑하는 일'이다.

아이의 마음에 눈높이를 맞추는 일은 참 어렵다. 특히 아이의 눈높이에 맞춰 공부시키는 일은 정말 힘든 일이다. 어떤 학부모님은 상담하다 이렇게 표현했다.

"아이랑 학습지 풀다가 답답해서 숨넘어가는 줄 알았어요. 그냥 학원 보내고 나면 그럴 일도 없어서 그래서 보냅니다."

아무리 눈높이를 낮추어도 어른의 시선은 하늘에 있다. 엄밀히 말해서 눈높이는 시선視線이 아니라 사고思考에 있다. 부모가 직접 아이에게 공부를 가르치는 일은 무척 힘든 감정노동이다. 부모 입장에서 아이가 조금만 더 집중해서 풀면 되는 것들을, 보통 아이들은 '말도 안 되는 방법'으로 푼다. 그렇다고 창의적으로 푸는 것도 아니다. 그냥 앞에 모든 힌트와 방법들이 다 적혀 있는데 전혀 엉뚱한 답을 적는다. 일부러 엄마 마음 환장하게 만들려고 계획해도 그렇게 완벽하게 할 수 없다. 말도 안 되는 풀이과정을 옆에서 보고 있으면 답답하고 화가 나서 결국 이렇게 말하고 만다.

"지우고 다시 풀어!"

"잘 봐봐. 그렇게 하면 안 되지!"

몇 번을 지우고 풀고, 다시 또 지우고, 이 과정을 반복한다. 이렇게 다시 풀다 보면 결국 아이도 짜증을 낸다.

"아이, 몰라!"

부모 입장에서 이렇게 쉬운 걸 억지로 하는 모습을 보면 도무지 이해가 안 되고 화가 난다. 결국 지쳐서 다음 며칠 동안 그냥 될 대로 되라는 식으로 놔둔다. 무엇이 문제일까?

부모 마음은 그저 답답하기만 하다. 아이가 못 풀고 있는 것도 속상하고, 자신이 옆에서 다그치고 화를 내는 것 같아 미안하다. 바로 양가감정이 몰려온다. 도무지 어떻게 해야 할지 모르겠다는 감정의 압박이 느껴진다.

○ 아이의 언어로 아이의 의도를 파악하기

문제는 '언어'다. 아이가 알고 있고 직접 사용하는 언어와 부모의 언어는 다르다. 대부분의 학습지 문제들은 어른의 언어로 적혀 있다. 아이들이 처음 접하는 형태의 어순이고, 단어이고, 문제들이다. 아이의 언어로 풀어서 설명해주는 과정이 필요하다. 이러한 과정이 '눈높이'를 의식한 행동이다. 무엇보다 눈높이를 의식한 행동 자체는 상대방에게 '존중받는다'는 느낌을 준다. 그런데 부모님들은 그러한 '의식적 행동' 없이 아이에게 다음과 같이 말한다.

"여기 봐봐. 이렇게 적혀 있잖아. 그러니까 빼라는 소리잖아!"

이 과정에서 '이렇게 적혀 있는 것들'을 찬찬히 설명해줘야 한다. 부모의 언어에서는 보이는 것들이 아이들 눈에는 보이지 않는다. 눈높이를 맞추는 일은 상대방의 언어로 풀어서 설명해주는 '친절함'이 있어야 가능하다. 사실 좀 번거로운 일이긴 하다.

2018년 김세윤 부장판사는 박근혜 전 대통령의 판결문을 낭독하면서 이런 표현을 했다. 인터넷 기사에서는 '국민의 눈높이에 맞춘 판결문'이라는 타이틀이 붙었다.

> "직권남용죄라는 건 겉으로 보기에는 공무원이 자신의 직권을 행사하는 모양새, 외관이라고 합니다. 모양새를 취했지만 실질은 그 직권을 위법, 부당하게 행사하는 경우를 말합니다."

상당히 친절한 설명이다. 이것이 눈높이의 전형이다. 법률적 언어를 일반 사람들의 언어로 바꾸고, 많은 사람들이 납득할 수 있도록 일반화한 표현을 사용했다.

부모도 마찬가지다. 아이들에게 무언가를 알려주고 가르칠 때는, 그들이 이해할 만한 사례를 들어서 말해주거나 비유적으로 표현해주는 것이 좋다. 그러한 언어적 행위들이 '친절한 눈높이' 자세가 된다.

아이들 눈높이에 맞추는 과정에서 또 한 가지 중요한 것은 바로 '의도 파악'이다. 아이들이 하는 행동 중에 잘못되거나 부적절하다고 판단되는 언행을 했을 때, 맨 처음 '의도' 파악을 해야 한다. 하지만 보통은 아이의 행동 수정을 위해 급한 마음에 일단 이렇게 말하게 된다.

"그렇게 하면 안 되는 거야!"

아이 입장에서는 안 된다고 생각을 못하는 경우가 많다. 그리고 나름 이유도 있다. 어떤 경우에는 선한 의도를 가지고 할 때도 있다. 아이의 입장을 먼저 듣고 난 후에 안 된다고 말해주어야 한다.

"혹시 어떤 이유로 그런 말을 했는지 말해줄 수 있니?"
"혹시 무엇 때문에 그런 행동을 했는지 알려줄래?"

이렇게 아이의 입장을 듣는 과정이 바로 아이의 눈높이를 맞추는 모습이다. 그러면 아이는 존중받았다고 느끼고, 이 존중받음이 아이들의 자존감을 높여준다. 우리 아이의 절대가치를 인정해주는 과정은 아이의 눈높이를 맞추는 언어에서 시작된다. 그 눈높이 언어를 통해 아이는 자신의 위치가 타인과 동등해질 수 있음을 알게 된다.

05

아이의 부정적인 감정도 수용해주는 말들

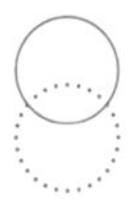

"부정적 감정에 휩쓸리는 것과 수용하는 것에는 큰 차이가 있다. 부정적 감정에 휩쓸리는 경우 대부분 그 감정을 가두어 놓았을 때 발생한다."

부정적인 감정도 받아들이는 연습

아래 단어들을 천천히 읽어보고 각각의 감정들을 살짝 떠올려 보자.

'화남, 짜증남, 우울함, 슬픔, 외로움, 쓸쓸함, 혐오감, 질투심, 분노함, 공포심, 경멸감…….'

위 단어들은 '부정적인 감정들'의 나열이다. 어떤 느낌이 드나? 가뜩이나 요즘 피곤하고 복잡하고 힘든데, 책을 읽으면서까지 위와 같은 감정을 느껴야 하는지 거부감이 들 수도 있다. 거부감이 들었다면 여러분은 아주 강한 생명력을 발휘한 것이다. 그 거부감이 여러분을 지금까지 살아오게 한 원동력이기도 하다.

감정을 표현하는 단어들을 찾아보면 긍정적인 감정보다 부정적인 감정을 표현하는 단어가 훨씬 더 많다. 부정적인 감정을 표현하는 단어가 더 많다는 의미는 자주 그런 느낌이 들고, 그 느낌이 점점 더 세분화되어 있다는 걸 뜻한다. 또 그 감정이 필요하기 때문에 자주 사용한다고 말할 수도 있다. '감정'에 대해 깊이 있게 연구한 신경과학자 안토니오 다마지오Antonio Damasio는 저서 《느낌의 진화》에서 이렇게 말한다.

> **"느낌은 생명을 연장시키고 목숨을 구했다. <중략> 예를 들어 어떤 장소를 회피하도록 조건을 형성해서 생존할 수 있게 하는 식이다."**

안토니오 다마지오의 연구결과에 따르면 부정적인 느낌은 생존을 위해 필수적이다. 그 느낌을 통해 '안정적 느낌'이 들기 위한 선택과 행동을 한다. 부정적인 감정의 근간에 '생존'이라는 원시적 기원이 있다는 의미는 그 감정을 잘 인식하고 받아

들여야 한다는 당위성 또한 포함한다. 그간 알게 모르게 우리는 일상생활 중에 부정적 감정들을 회피하고 거부하라고 배워왔다.

"뚝! 울지 마! 뭘 잘했다고 울어!"

"화내지 마. 화내는 건 나쁜 거야. 착하게 맘먹어야지."

심지어 노래도 있다. 크리스마스 시즌 때마다 이 노래를 들으면 가슴이 먹먹해진다.

"울면 안 돼. 울면 안 돼. 산타할아버지는 우는 아이에게 선물을 안 주신대."

위와 같은 노래보다는 우리 조상들의 지혜가 더 살갑다.

"우는 아이 떡 하나 더 준다."

○ 부정적인 감정은 억누르는 것이 아니라 수용해야 하는 것

부정적인 감정은 억눌러야 하는 대상이 아니다. '수용'되어야 하는 대상이다. 부정적인 현재의 상황을 인식하고 받아들이는 것이다. 현재의 부정적인 상황을 인정함으로써 제대로 된 대응 방식을 형성할 수 있다. 만약 부정적인 감정 자체를 지속적으로 억누른다면 심리적인 양가감정을 동시에 느끼게 된다. 예를 들면 무척 슬픈데 자꾸 웃게 되고, 억울하지만 괜찮다고 한다. 또 외로운데 혼자 노는 걸 좋아한다고 한다. 우리 아이들에게 자신의 부정적 감정을 표현할 수 있는 기회를 주는 것은 좋은 배움이 된다.

"저 우울해요."

"저 슬퍼요."

"저 화가 나요."

"저 짜증나요."

부모 입장에서 이런 말들을 들을 때 힘든 이유는 '감정의 전이' 때문이다. 아이가 짜증난다는 말을 할 때의 얼굴 표정과 심지어 자리에서 일어나 자기 방으로 들어가는 모습에까지 온통 짜증이 묻어나 있다고 치자. 그때 감정이 고스란히 부모에게 전달되면서 이런 생각이 든다.

'어디 버릇없이!'

'아무리 짜증이 나도 그렇지 엄마를 지금 무시하는 거야?'

'어디 감히 아빠한테 그런 모습을….'

위와 같은 생각이 들면 그런 말투와 표정을 보인 우리 아이를 혼낼지, 참아줄지 사이에서 고민한다. 그러다 어느 때는 혼내기도 하고 어느 때는 참아준다. 그날그날의 의지력과 컨디션에 따라 다르게 반응하고, 그런 과정이 반복된다. 그렇게 되면 부정적 감정에 대한 수용 없이 통제 또는 인내만 끝없이 되풀이된다.

○ 판단이 아닌 수용하는 말

아이의 부정적 감정이 나에게 전이되고, 그 순간 나를 무시하는 듯한 느낌이 들었을 경우 집중해서 그 느낌에 대해 살펴보자. 지금 무시당한 것 같은 느낌을 일단 있는 그대로 느끼고 그 느낌에 집중해보는 것이다. 그리고 전이된 감정에 대한 어떠한 이성적 판단도 하지 않는다. 판단 없이 그냥 전이된 감정에만 집중해본다.

집중해서 그 감정에 머무른 채 아무런 판단을 하지 않으면, 전이된 감정이 실은 나부모에게 향한 것이 아님을, 그냥 아무것도 아님을 알게 된다. 어떤 위협도 아니고, 반응해야 할 혹은 회피나 방어해야 할 그 어떤 것도 아님을 알게 된다. 바로 그때 아이의 감정을 읽을 수 있다.

부정적 감정에 휩쓸리는 것과 수용하는 것에는 큰 차이가 있다. 부정적 감정에 휩쓸리는 경우는 대부분 그 감정을 가두어 놓았을 때 발생한다. 부정적 감정 자체를 거부하고 억누르고 통제한 상황에서 임계점에 다다르면 결국 터져 나오기 마련이다. 제방이 터져 쏟아지는 물줄기처럼 한순간 모든 걸 휩쓸고 간다.

감정의 수용은, 특히 부정적인 감정에 대한 수용 과정은 자기 자신을 받아들여주는 역할을 한다. 아이들은 자신의 부정적인 감정이 수용되는 환경에 있을 때, 그들 역시 자신의 부정적 감정에 대해 판단 없이 말을 건다.

'나는 지금 우울해. 그런데 우울해도 돼. 어떤 상황이 나를 우울한 감정이 들게 하는지 찬찬히 찾아보자.'

부정적인 감정을 받아들이는 부모의 말에는 '판단'이 없고 늘 '수용'이 있다.

06

아이의 말을 존중해주는 말들

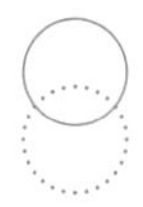

"부모로서 하지 말아야 할 말이 무엇인지 미리 생각하고, 그 선을 넘지 않겠다고 다짐하는 건 아주 좋은 안전장치를 갖고 있는 것과 같다."

지속성과 반복성이 있는 상처의 말들

아이에게 의도적으로 상처 주는 말을 하는 부모는 거의 없다(가끔 있기도 하다. 그때 아이는 사랑스런 내 아이가 아닌 나를 위한 희생 제물이 된다). 아이와 대화하면서 상처가 될 만한 말을 하지 않는 것은 중요하다. 상처가 되는 말들은 한 번으로 멈추는 경우가 별로 없기 때문이다. 보통 상처가 되는 말은 지속성과 반복성이 있다. 그런데 정작 부모 본인은 모른다. 상처가 되는 줄도 모르고, '아이를 위해서 해준 말이었다'고 생각한다. 또는 그 정도는 극복해야 할 것으로 생각하기도 한다. 안타깝지만 상처는 극복의 대상이 아니다. 치료의 대상일 뿐이다. 칼로 우리 아이의 손등을 그어놓고 '극복해 나가야지'라고 말하는 건 무책임한 일이면서, 아이 입장에서는 무서운 일이다. 우리 아이를 치료받아야 할 대상으로 만들지 말자.

물론 일상적인 대화를 하면서 매번 '내 말 때문에 상처받지 않을까' 생각하며 말할 수는 없다. 만약 반드시 그렇게 해야만 한다면 어떤 기분이 들까? 아마도 금방 지치고, 생각만으로도 스트레스가 될 것이다. 심한 강박에 사로잡히지 않고서야 불가능한 일이다. 결국 그 강박이 또 다른 상처를 만들 수도 있다.

차라리 아무 말도 하지 않은 채 묵언수행 하듯 살아야 가능한 일인지도 모른다. 하지만 아무 말도 하지 않는다면 다시 한 번 큰 상처를 줄지도 모른다. 그럼 어떻게 해야 할까?

진심으로 대화할 시간을 확보하는 일

매번 상처를 주지 않을까 노심초사하기보다는 어떻게 하면 대화할 시간을 확보할까, 그리고 진짜 대화를 할까에 초점을 맞추는 것이 좋다. 상처 주는 말은 결국 대화를 통해 회수해야 한다. 대화는 자연스럽게 흘러가듯 하는 것이 좋다. 여기서 흘러간다는 건 굽이치는 물결 같을 수도 있고, 잠시 유속이 느려진 물결일 수도 있다. 어떤 상황이든 일단 흐르면 된다. 빠르던 느리던 상관없다. 뭔가 꽉 막혀 있는 듯한 답답한 상황만 아니면 된다. 대화할수록 답답하다면 그때는 잠시 대화를 멈춘다. 그때 상처를 줄 준비가 되어 있다는 신호이다. 대화하면서 상처를 주는 경우는 다음과 같은 두 가지 상황일 때가 많다.

첫째, 의도가 있어서라기보다는 감정 조절을 못할 때이다. 많은 경우 감정 조절을 의지 부족으로 여기지만 사실 에너지 부족이다. 감정 조절력은 그 순간 나의 신체적·정신적 컨디션에 상당 부분 영향을 받는다. 내가 지금 내 의지로 감정을 조절하기 어려울 것 같다는 판단이 들 때는, 대화보다는 일찍 잠자리에 드는 걸 선택하는 게 좋다. 안타깝지만 많은 경우 그때 술을 마신다. 그러면 악순환의 고리가 만들어진다. 또다시 깊은 잠을 못 자고 피곤한 몸 상태가 되며, 다음 날 감정 조절을 못하고 답답한 마음에 또 술을 마신다. 내가 요즘 감정 조절을 잘 못한다는 생각이 들면 그냥 일찍 잠을 자는 것이 좋다.

둘째, 의식하지 못한 말 중에 상대방의 두려움을 자극한 경우다. 부모는 장난이나 농담이라고 여겨 아이가 싫다고 하는데도 웃으면서 계속 이야기한다. 그럼 부모는 그 모습이 귀엽기도 하고 웃기기도 해서 아랑곳하지 않고 이야기를 이어나간다.

흔히들 예전에 어른들이 '너는 다리 밑에서 주워 왔다'고 말하면 아이들 표정이 심각해지고, 주변 어른들은 웃기다고 웃는 상황과 비슷하다.

아이들은 농담과 진담을 잘 구분하지 못한다. 사실 무의식적으로 보았을 때, 어른들 또한 농담이라고 말하지만 사실 일종의 작은 폭력이다. 아이들이 무서워하고 부끄러워하는지 알면서 그 부분을 들춰내는 과정을 즐겁다 생각하는 건, 그 자체가 폭력이 될 수 있다. 농담은 어느 정도 인지 및 인식 수준이 있을 때 서로 주고받는 것이다. 농담만큼 뼈 있는 말도 드물다. 아이들에게는 농담보다 진담이 더 안정감을 준다.

"너는 엄마 뱃속에서 나왔고, 그래서 너무 소중한 아이야."

○ 물어봐주는 일은 그 사람을 존중하는 일

대화중에 어떤 표현이 아이에게 감정적으로 좋은지 잘 모를 때가 있다. 그럴 때는 물어보면 된다. 물어보면 의외로 쉽게 알 수 있다. 그리고 상처를 주었더라도 그 물어보는 과정을 통해 다시 회수가 가능하다.

학급에서 아이들에게 별명을 지어줄 때가 있다. 아이들마다 특징이 있고, 그 특징에 어울리는 별명이 문득 떠오른다. 하지만 담임이 보기에 아무리 좋은 특징이고 장점인 것 같아도, 당사자인 아이는 다르게 느낄 수 있다. 예를 들어 과학 실험을 잘하고 관련 지식도 풍부하여 우리 반 '김 박사'라고 치켜 세워주었다. 대부분은 그렇게 말해주면 좋아할 거라 생각한다.

하지만 어떤 별명이든, 새로운 이름을 지어주는 건 진지하게 해주어야 한다. '이름'은 그 아이의 존재감이 되기 때문이다. 누군가는 좋은 이름이라 생각하고 말해주지만, 그 말이 아이에게는 듣기 거북한, 심지어 상처가 될 수도 있기 때문이다.

"과학 실험을 참 잘하는구나. 앞으로 김 박사라고 불러도 되겠니?"

좋다고 하면 아이는 김 박사라는 이름을 하나 얻는다. 싫다고 하면 그 이름을 거두면 된다. 아이는 물어봐주는 과정 자체에서 자신이 배려받고 있다고 느끼고, 그 느낌은 아이를 상처에서 보호해준다.

많은 경우 가정에서 '우리 공주님', '우리 왕자님', 또는 '우리 강아지'라고 말하며 친근감을 표현한다. 애정의 표현이지만 중학년 이상의 아이라면 이제 물어봐주는 것이 좋다. 그 말을 유치하게 생각하거나 듣기 싫어하는 아이도 있다. 물론 대부분은 좋다고 할 것이다. 그래도 물어봐주는 것이 좋다. 나를 부르는 호칭에 대해 물어봐주는 것은 그만큼 나를 존중해준다는 의미를 전달한다.

◌ 아이를 혼낼 때도 선을 지킨다

마지막으로 모든 말 한마디, 한 마디를 다 생각하고 말할 수는 없다. 하지만 어느 선까지만 말해야겠다고 미리 생각할 수는 있다. 그 선을 지키는 것이 중요하다. 아이를 혼내야 할 일이 있다면 혼내야 한다. 단 혼내기 전에 어느 경계선까지 혼내야겠다고 마음을 먹으면 거기까지만 혼을 낸다. 다른 말은 덧붙이지 않는다.

방 청소가 안 되어 있어서 늘 방이 지저분하고 그 약속을 지키지 않았다면, 그 부분만 말하고 나온다고 다짐한다. 그리고 그 말만 하고 나오면 된다. 안타깝지만 대부분 방 청소로 시작해서 학원 숙제와 공부 이야기로 끝난다.

결국 아이는 방도 지저분하고, 숙제고 안 하고, 공부도 안 하는 그런 말 폭탄들을 두서없이 맞고 갈 곳을 잃어 헤맨다. 그렇게 방황하다 스마트폰 게임 속에 안착하며 현실을 외면한다. 내가 부모로서 하지 말아야 할 말이 무엇인지 미리 생각하고 그 선을 넘지 않겠다고 다짐하는 건 아주 좋은 안전장치를 갖고 있는 것과 같다.

07

아이에게 수치심을 주지 않는 말들

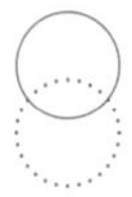

"한번 각인된 수치심 영역이 만들어지면 누군가 옆에서 괜찮다고 말해도 그 말을 진심으로 받아들이지 않는다. 시선이 고정된다."

아이에게 무심코 건네는 수치심의 말들

수치심은 어느 정도 아이들의 생활에 영향을 미칠까? 아이들은 수치심을 통해 자신의 행동을 변화하고 수정하는 데 어느 정도 영향을 받을까? 많은 경우 가정에서, 또 학교에서 이 수치심을 이용하여 아이의 행동을 수정하려 한다. 나 또한 예외는 아니었다. 하지만 대부분의 심리학자들은 수치심을 통한 행동 수정이 그리 효과적이지 않다는 데 동의한다. 오래 지속되지 않거니와 자아 의지에 의한 변화가 아니기 때문이다.

아동발달과정에 있어 '수치심'이 큰 힘으로 작용하는 시기는 초등 시기다. 이 시기 아이들은 뭔가 부끄럽다고 생각되는 것들에 조절을 배운다. 하지만 수치감 조절을 못할 경우 민감하게 반응하기도 한다. 예를 들어 아빠가 이렇게 말한다.

"남자아이라면 달리기를 잘해야지."

민철이는 그 말을 듣고 자기 자신이 부끄럽다고 생각한다. 왜냐하면 본인은 남자인데 뚱뚱하고 달리기를 잘 못하기 때문이다. 그 뒤부터 체육 시간이 부담되고 싫다. 나의 수치스러움이 언제 드러날지 모른다고 생각한다. 그 상태가 되면 이제 체육 시간에 민감한 반응을 보인다. 만약 50미터 달리기 측정을 했는데 누군가 웃었다면, 그걸 보고 민철이는 자신을 놀린 거라고 확신하고 달려가서 주먹을 날린다. 그리고 분에 찬 얼굴을 한다. 이처럼 나의 수치스러운 점을 누군가 노출시키면 강하게 통제하는 모습을 보인다. 그래서 수치심에 대한 통제가 아닌 적절한 조절 능력을 갖추는 일은 중요하다.

○ 아이들의 수치심을 건드리는, '시선과 말투'

아이들 마음에 수치심이 자리잡는 원인들이 있다. 첫 번째가

'시선'이다. 그리고 두 번째가 '말투'이다. 그런데 보통 이 두 가지가 동시에 아이들에게 전달된다. 수치심을 느끼게 하는 시선과 말투를 주지 않는 것이 좋다.

예를 들어, 아이가 실수로 식당에서 접시를 떨어뜨렸다. 큰 소리가 나면서 접시가 깨지고 음식이 바닥에 널브러졌다. 그 상황에 엄마나 아빠가 갑자기 아이 때문에 주변을 살피는 시선을 보인다. 아이도 놀라긴 했는데, 엄마 아빠의 그 시선을 보고 뭔가 다른 걸 감지한다. 접시가 깨져서 이 음식을 먹지 못한다는 것보다 그 이상의 것이 있다는 걸 느낀다. 부모 입장에서도 순간적으로 다른 사람들에게 불편함을 준 것을 의식한다. 그리고 그 뒤에 아이에게 좋지 않은 시선과 표정을 담아 핀잔하듯 이렇게 말한다.

"너가 조심했어야지. 이게 뭐야!"

이 순간 아이에겐 수치감이 자리잡는다. 이제 주변의 많은 사람들이 다 자기를 바라본다고 생각한다. 부모는 아이를 주목함으로써 타인들의 시선에서 책임이 없어진다. 그리고 그 시선을 아이 몫으로 넘기는 결과가 된다. 하지만 아이는 그 시선을 감당할 심리적 방어막이 없다. 이럴 때, 부모는 자기도 모르게 주변을 의식했던 시선에서 돌아와 아이를 바라보며 이렇게 물어봐주어야 한다.

"괜찮니? 다친 데는 없니?"

◌ 수치심은 보호의 대상

나를 향해 물어봐주는 그 시선 속에 아이는 심리적 방어막이 생긴다. 사실 그 순간 다치지 않은 건 눈으로도 확인이 된다. 그래도 물어보는 태도가 아이에게 심리적 피난처를 만들어준다. 수치심이 들어올 자리가 없어진다.

한번 각인된 수치심 영역이 만들어지면 누군가 옆에서 괜찮다고 말해도 그 말을 진심으로 받아들이지 않는다. 시선이 고정된다. 수치심은 일종의 '고정관념'이다. 풀어서 말하자면 '타인 의식을 통해 자신을 스스로 비하하는 고정관념'이다. 평생 거의 변하지 않는다. 그럼 우리 아이가 수치심 강도가 높은 것 같다면 어떻게 해야 할까? 일단 이런 생각부터 가져야 한다.

'수치감은 극복의 대상이 아니다. 수치감은 보호의 대상이다.'

수치감은 아이들이 하나씩 노력해서 바꾸어나가는 의지의 문제가 아니다. 누군가로부터 심어진 수치심이라는 경험이 타인으로부터 보호받는 과정이 주어질 때 그곳에서 벗어날 수 있다. 수치심은 자아를 스스로 묶어두는 성질이 있다. 그래서 다른 누군가가 그 수치스러운 상황마저 감싸줄 때 그 묶인 곳에서 해방감을 느끼게 된다. 타인의 시선에서 시작된 것을 타인의 시선을 통해 거두어가는 과정이 필요하다.

‘꾸준함’은 수치심을 가볍게 한다

한 가지 추가 과정을 말하자면, 간접적이긴 하지만 잠재적 힘을 주는 방법이다. 바로 ‘꾸준함’이다. 평소에 무언가 꾸준히 스스로 하는 습관은 수치감을 낮춰준다. 스마트폰 게임만 아니라면 어떤 것이든 아이들이 흥미 갖는 것을 꾸준히 하면 수치감을 가볍게 하는 효과가 있다.

중요한 건 ‘많이’가 아니라 ‘꾸준히’이다. 꾸준히 지속하다보면 작은 것에서 성취감을 맛보고, 그 성취감은 자신의 존재를 보다 당당하게 해준다. 비록 어떤 부분은 부족하지만 그래도 나름 쓸모 있는 뭔가를 해낸다는 마음을 준다.

더욱 중요한 건 무언가 꾸준히 지속하는 가운데 자기 조절감이 생긴다. 이러한 자기 조절감은 수치스러운 자신의 감정을 조절하는 데 도움을 준다.

안타깝지만 많은 부모님들이 공부와 관련된 것이 아니면 아이들이 꾸준히 하는 것들에 대해 제재를 하는 경우가 많다. 학습과 관련된 것이 아니라도 아이가 무언가 흥미를 갖고 꾸준히 지속하는 것이 있다면 허용해주는 것이 수치감을 낮추는 데 도움이 된다.

수치심, 취약성, 완벽주의, 두려움, 불안 등의 감정을 20년간 연구해온 학자가 있다. 심리 전문가 브레네 브라운Brene Brown 교수이다. 그는 저서 《수치심 권하는 사회》에서 간결하면서도 단호하게 말한다.

"수치심은 폭력'만큼' 위험하다."

그의 말을 빌려 나는 이렇게 부모님들께 말씀드리고 싶다.

"수치심은 폭력'보다' 위험하다."

적어도 폭력은 눈에 보이는데, 수치심은 보이지 않기 때문이다. 투명 인간과 싸우는 것만큼 불리한 게임은 없다. 우리 아이들이 그런 불리한 게임을 하지 않기를 바란다.

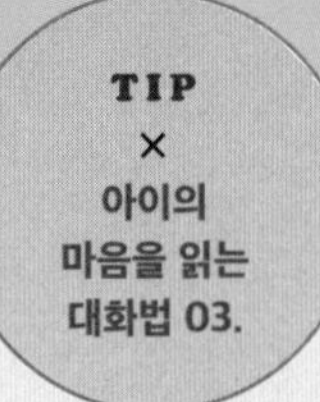

“엄마 말의 온도는 몇 도일까?”

Q. ‘엄마 말의 온도’ 궁금하네요. 엄마 말에 온도가 있다면 아이들은 몇 도쯤으로 느끼는 것이 좋을까요?

물의 온도로 비교했을 때 약간 미지근한 30~35도 정도로 느끼는 것이 좋습니다.

Q. 미지근한 온도라고 하니 엄마들 입장에서는 좀 아쉬울 수도 있겠다는 생각이 드는데요. 그렇게 말씀하신 이유는 뭔가요?

제가 지금 말씀드린 온도는 긴장된 신경과 근육을 달래서 진정시킬 수 있는 물의 온도입니다. 이 온도의 물로 목욕을 하면 불면증이 있는 사람이 쉽게 잠이 든다고 하는데요. 엄마 말의 온도는 이런 역할을 수행합니다. 실제로 몇 년 전 대구가톨릭대 병원에서 전신마취에서 깨어날 때 아이들에게 미리 녹음해둔 엄마의 목소리를 들려주었는데요. 엄마 목소리를 들은 아이들과 그렇지 않은 아이들을 비교했습니다. 녹음

된 엄마 목소리를 들은 아이들은 마취에서 깨어날 때 일어날 수 있는 돌발 행동인 섬망 증상이 절반 이상 줄었다고 합니다. 쉽게 표현해서 전신마취를 할 정도의 수술을 마치고 깨어날 때의 충격을 엄마 목소리가 진정시키는 효과가 있었다는 거죠.

Q. 엄마 목소리만으로도 '천연 진정제'가 되는 거네요. 놀랍네요. 엄마 목소리에 또 다른 온도는 없나요?

또 다른 온도는 약 150도 정도 됩니다.

Q. 이번엔 갑자기 온도가 확 올라갔어요. 이건 무슨 의미인가요?

150이라는 숫자는 멘사회원들의 아이큐 지표를 빌려왔는데요. 보통 150 이상의 아이큐를 인정받아야 멘사회원이 된다고 하는데요. 엄마의 목소리가 아이의 지능에 큰 영향을 준다는 의미에서 150도 정도로 말씀드렸습니다. 여기서 지능은 아이큐 같은 인지 지능뿐 아니라 아이들의 감성지능까지도 포함하는 의미에서 포괄적 지능을 말합니다.

Q. 아니, 엄마가 어떻게 목소리를 내면 우리 아이들의 지능이 그렇게 높아지는 거죠?

일단 이렇게 생각하시면 됩니다. 어떤 목소리든지 엄마의 목소리는 아이의 뇌 구석구석에 영향을 준다는 겁니다. 몇 년 전 미국 스텐포드

대학 연구진이 단 1초 미만의 엄마 목소리와 다른 여성의 목소리를 들려주고 아이들의 뇌 반응을 살폈는데요. 1초 미만 목소리만으로도 엄마 목소리라는 것을 파악했다고 합니다. 연구진이 더욱 놀란 사실은 다른 여성의 목소리는 뇌에서 별 반응이 없었지만, 엄마의 목소리는 감정인식, 얼굴인식, 주위 상황 변화 인지 등의 기능을 하는 뇌 부분에 구석구석 전달되었다고 합니다. 이 연구가 증명하는 것은 엄마들의 목소리가 다른 사람의 목소리보다 뇌 발달에 더 큰 영향을 준다는 사실이죠.

Q. 그럼 뇌 발달에 더 큰 영향을 준다는 건, 잘하면 아주 긍정적 영향을 주지만 잘못하면 부정적 영향을 줄 수도 있다는 거네요.

맞습니다. 핵심을 콕 짚어주셨습니다. 제가 오늘 말씀드리고 싶은 것도 그 부분입니다. 그래서 저는 아이들에게 있어 엄마 말의 온도는 '절대적 온도'라고 말씀드리고 싶습니다. 아이는 태아로 있는 동안, 어둠 속에서 오로지 엄마의 목소리를 듣습니다. 그것이 태아에게는 첫 외부 반응이죠. 그리고 그 목소리를 반복적으로 들으면서 세상으로 나올 준비를 합니다. 엄마의 목소리는 태아에게 있어 세상입니다. 그 소리가 평화로울지, 행복할지, 고통일지는 아이 각자마다 다르겠죠. 이미 태어나는 순간부터 아이들은 세상에 대한 어떤 이미지를 엄마의 목소리를 통해 각인되었을 가능성이 높습니다.

Q. 그럼 우리 아이들에게 긍정적 영향을 주는 엄마의 목소리, 그리고 말을 하려면 어떻게 해야 할까요?

우선 가장 기본은 엄마 말에 '아픔'이 없는 것이 가장 좋습니다. 대부분의 엄마들이 뭔가에 쫓기듯이 엄마가 되어버리거든요. 대학에 가고, 직장생활 하다가, 누군가를 만나고, 결혼하고 아이를 낳습니다. 그러다 보면 정작 자신의 '아픔'에 대해 돌볼 시간이 없어요. 누구든 상처받은 '내면의 아이'가 있습니다.

Q. '아픔', '상처'라는 말을 들으니 궁금해지는데요. 아이들이 가장 아파하는 엄마의 말, 또는 목소리는 뭘까요?

보통 분노하거나 화를 내면 아이들에게 좋지 않을 거라고 맨 먼저 떠올리시는데요. 더욱 좋지 않은 말이 있습니다. 형식적인 말입니다. 형식적인 말이 아이들에게는 엄마가 화를 내거나 분노하는 것보다 더 큰 실망감을 안겨줍니다.

Q. 형식적인 말이 어떤 걸 말씀하시는 건지 좀 더 구체적으로 말씀해주세요.

이런 겁니다. "오늘 저녁 뭐 먹을래?"라고 엄마가 물어봅니다. 이건 형식적인 말인가요? 아니면 진심으로 물어보는 건가요?

Q. 음… 상황에 따라 다르겠죠.

예, 그렇습니다. 어떤 엄마들은 그냥 식사 때가 되었으니 형식적으로 물어봤을 수도 있고… 어떤 엄마들은 정말 우리 아이가 먹고 싶은 음식을 해주고 싶어서 물어봤을 수 있습니다. 아이들은 그 차이를 엄마 목소리톤만으로도 알아차립니다. 그리고 생각하죠. '엄마는 나에게 관심이 없구나' '엄마는 정말 내가 뭘 원하는지 알고 싶어 하지 않는구나' 형식적인 말은 표현을 바꾸면 '무관심'입니다. 아이들은 무관심한 말에 상처를 많이 받습니다. 특히 엄마의 목소리뿐 아니라, 눈동자나 눈빛, 작은 손끝 행동에서 자신에게 관심이 없음을 알아차릴 때 가장 힘들어합니다. 그래서 무의식적으로 엄마를 화나게 만들죠. 적어도 화를 내는 엄마는 자신에게 관심이 있는 거니까요.

Q. 선생님이 생각하시기에 학교 현장에 있으면서 요즘 초등학생들에게 어떤 엄마의 말이 가장 필요하다고 생각하세요?

실제로 아이들에게 물어본 적 있습니다. 고학년 아이들에게 물어봤다는 것을 감안하고 들어주셨으면 하는데요. 저학년은 다르게 나올 수도 있습니다. 일단 고학년 아이들에게 엄마에게 하고 싶은 말, 그리고 엄마에게 듣고 싶은 말을 적어 내라고 했는데요. 가장 많이 나온 대답은 이렇습니다. 우선 엄마에게 하고 싶은 말은 "짜증나게 하지 말아주세요"였구요. 엄마에게 듣고 싶은 말은 "놀아라"였습니다. 하지만 이건 어디까지나 아이들 입장에서의 의견이구요. 제가 생각하는 초등학생들에게 가장 필요한 엄마의 말은 좀 다릅니다.

Q. 뭔가요 그게?

"미안하다" 입니다.

Q. 왜 그 말이 가장 필요하다고 생각하시는 거죠?

사실 어른일지라도, 엄마일지라도 누구든 자기 자신의 '내면아이'가 있습니다. 특히 '상처받은 내면아이'를 끌어안고 있죠. 그 상황에서는 아이에게 또 다른 상처를 안겨줄 수밖에 없습니다. 당연한 수순이에요. 그런데 많은 상처들이 그 '미안하다'는 말 한 마디를 듣지 못해서, 마치 구천을 떠도는 귀신들처럼 한 사람의 어깨에 붙어서 평생 상처라는 이름으로 남아 있습니다. 비록 많이 나약하고 힘든 상태의 엄마지만 그래서 어쩔 수 없이 엄마도 아이에게 상처를 줄 수밖에 없지만… 그래도 그것을 인지한 순간, 좀 늦게 알았더라도 그때 '미안하다'고 얘기를 해주시면, 아이에게는 그 아픔을 물려주지 않을 수 있습니다. 그리고 더욱 신기한 건, 그 진심어린 사과를 듣고 있는 아이의 눈동자를 보면서 어른인 자신의 내면아이도 위로를 받을 수 있습니다.

Q. '엄마 말의 온도' 정리해주시죠.

우리는 모두 이런 생각을 가지고 있습니다. 엄마의 말이 좀 따뜻했으면 좋겠다고요. 엄마 말의 온도는 그저 우리 체온 정도면 됩니다. 실제 우리 체온 정도의 물에 손을 담그면 미지근하다고 느낍니다. 그 미지근한 정도가 엄마 말의 온도에 적당합니다. 차갑지도, 뜨겁지도, 덥지도 않은 그 상태가 최적의 엄마 말의 온도입니다. 그 온도에서 나오는 엄마의 말들엔 '진심'이 담겨 있습니다. 불안도 없고, 욕망 전이도 없고, 강박도 없습니다. 그냥 엄마의 존재가 있을 뿐입니다.

CHAPTER 04.

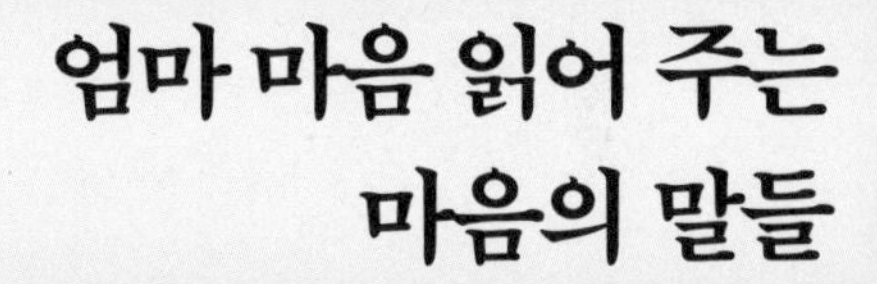

엄마 마음 읽어 주는 마음의 말들

01

학부모가 되고 생긴 불안감 되돌아보기°

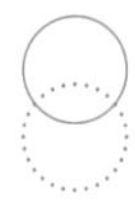

"불안할 때 맨 처음 할 일은 그 불안을 해소하려고 방법을 찾아 들어가는 것이 아니라, 이 불안이 어디에서 왔는지 생각하는 시간을 갖는 것이 먼저다."

학부모가 되면 생기는 불안

초등 학부모를 위한 강연을 나가면 어떤 강연이든지 서두에 하는 말이 있다. 초등 자녀 교육서를 최소한 30권 읽어야 한다는 내용이다. 가급적 초등 학부모가 되기 전에 읽으면 더욱 좋다. 초등 자녀 교육서 한 권에는 보통 약 40명의 아이들이 등장한다. 교육 사례로 제시되는 아이들이다. 30권의 자녀 교육서를 읽으면 약 1200여 명의 아이들을 만나게 되는 셈이다. 중복된 사례들을 뺀다 해도 약 1,000명이 넘는 아이들을 알게 된다.

1,000명이 넘는 아이들의 데이터를 읽는다는 것, 상상해본 적이 있을까?

빅데이터는 어떤 숨겨진 미지의 정보가 아니다. 1,000명 정도의 아이들 사례를 읽는 것 자체가 학부모 내면에 엄청난 교육 빅데이터를 만드는 과정이다. 1,000명이면 초등교사가 담임으로 30년 동안 근무해야 만날 수 있는 아이들 인원이다. 엄청난 데이터이다. 이런 데이터가 쌓이면 가장 좋은 점은 바로 학부모가 되고 생긴 불안감을 견딜 수 있게 해준다는 것이다.

초등 학부모가 되면 크게 세 가지 불안이 생긴다. 학습 불안, 친구관계 불안, 학교 규칙들을 잘 따라갈 수 있을 지에 대한 불안이 그것이다. 그 불안은 질문이 되어 학부모의 내면에 자주 떠오른다.

'우리 아이가 공부는 잘 따라갈 수 있을까?'
'우리 아이가 친구들과 잘 어울릴 수 있을까?'
'우리 아이가 선생님이 말씀하신 학교 규칙들을 잘 지킬 수 있을까?'

이 세 가지 큰 줄기에서 불안이 세분되기 시작한다. 그러면 또 다른 나를 불안하게 하는 질문들이 가지 뻗어 나가듯 만들어진다.

'학교 선생님한테 공부 못하는 아이라고 여겨지면 어떡하지?'

'친구들이 뭐라 했을 때 주눅들면 어떡하지?'

'학원을 보내야 하나 말아야 하나.'

'보내면 어떤 학원을 보내야 하지?'

'우리 아이만 스마트폰이 없으면 왕따 당하는 거 아닌가?'

'우리 아이만 단짝친구가 없는 것 같은데 괜찮은 건가?'

'규칙을 어겨서 혼나면 어떡하지?'

불안이 높은 학부모와 그 아이들의 특징

불안의 특징은 그 불안을 제거하기 위해 지속적으로 또 다른 불안을 양상해낸다. 즉 끊임없는 불안의 고리가 생긴다. 담임으로서 가장 안타까운 건 불안도가 높은 학부모의 아이들은 자존감이 낮아진다는 사실이다. 그것도 시간이 갈수록 누적되고 가속도는 빨라진다.

엄마의 불안은 아이가 보기에 '큰 걱정거리'이다. 엄마가 나로 인해 무언가 자꾸 걱정한다는 사실만으로 '나는 문제 있는 아이'라는 잠재적 굴레를 만든다. 이 굴레는 무의식 안에서 '자기 부정적不定的 신념'이 된다. 그 굴레는 자존감을 낮게 만들고, 초등 6년 동안 누적된 결과는 심각하다. 스스로 각인시킨 '쓸모없는 아이', '걱정거리 존재'라는 생각은 굳건한 바위처럼 흔

들리지 않고 거의 평생을 따라다닌다.

이처럼 '자기 효능감나는 쓸모 있다는 생각'이 낮은 아이를 보면 학급에서 어떻게 해서든 작은 성취의 기회를 만들어준다. 생각보다 내가 괜찮은 아이라는 걸 인지해주는 인지 변화의 순간을 느끼게 해주기 위해서이다. 이건 누가 옆에서 말해준다고 되는 것이 아니다. 성취 경험과 그에 따른 주변의 '인정'어린 시선이 필요하다.

문제는 자기 효능감이 낮은 아이들이 점점 더 많아지고 있다는 사실이다. 자존감이 낮아진 아이들이 많아질수록 학급 내 불안도 자체가 올라간다. 학급 구성원의 불안도가 높아지면 아이들은 작은 일에도 민감하게 반응하고, 폭력, 싸움, 미움, 분노 등으로 표출된다.

아이에 대한 이유 모를 불안감이 든다면

아이들에게 어떻게든 작은 성취 기회를 만들어주고, 조금이나마 자기 효능감을 살려 놓아도 자존감이 낮아지는 아이들이 늘어나는 이유는 무엇일까? 보통 주말 동안 집에 있거나 방학이 끝나고 돌아오면 다시 원상 복귀되어 있는 경우가 많다. 담임교사 입장에서 진이 빠지는 상황이 반복된다. 자신에 대한 불안한 생각과 시선, 말투로 가득한 환경에서 '자기 효능감'은 들어설 자리가 없다.

아이에 대해 어떤 염려가 된다면, 먼저 잠시 서서 혹은 자리에 앉아서 생각해보아야 한다. 지금 떠오른 걱정이 정말 아이의 부족함 때문인지, 아니면 그런 상황이 올까 봐 두려운 건지 성찰해야 한다. 보통은 불안한 마음이 들면 어떻게 이 불안을 해결할지 방법에 몰두하지만, 방법에 몰두하다 보면 불안이 기정사실화된다. 그렇게 마음속에서 기정사실화하면 그것이 비합리적인 신념으로 자리잡게 되고, 불안은 신념으로 바뀐다.

○ 진짜 불안과 상상적 불안 분리하기

아이에 대한 불안이 올 때 맨 처음 할 일은, 그 불안을 해소하려고 방법을 찾아 들어가는 것이 아니라, 이 불안이 어디에서 왔는지 생각하는 시간을 갖는 것이 중요하다. 불안한 마음 자체는 내 안에서 일어나는 어떤 역동이다. 하지만 그 역동의 출발 시간은 다 다르다. 아이의 어떤 행동을 보는 순간 일어날 수도 있고, 다른 학부모의 스치듯 지나가는 말 한마디에 일어날 수도 있다. 그 순간을 찾는 것이다. 그 순간이 불안의 출발점이 된다.

불안은 출발점을 직시해야 진짜 불안인지 상상적 불안인지를 식별할 수 있다. 진짜 문제적 상황에서의 불안은 회피하지 말아야 하지만, 상상적 불안은 멈추고 버려야 한다. 사실 둘 다 어렵다. 그리고 보통은 반대로 한다. 문제적 상황에서는 회피하고, 상상적 불안은 끊임없이 안고 간다. 이제부터 단순화하는 것이 좋다. 가끔 이렇게 말하면 된다.

"문제가 있으면 해결한다. 문제가 아닌 것은 버린다."

02

부모 자신의 마음 문제 인정하기

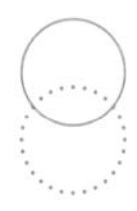

"먼저 나에게 미안하다고 말해주고, 그렇게 나를 위로하고, 이제 우리 아이에게 미안하다고 말해보자."

누구나 어린 시절 상처가 있다

부모우리들 또한 누군가의 아이였다. 어린 시절이 행복한 사람도 있을 테고 아닌 사람도 있을 것이다. 그 시절이 그리운 사람도 있을 테고, 아니면 생각하고 싶지 않을 만큼 생각만으로도 가슴이 답답한 사람도 있을 것이다. 화가 나고 끔찍한 기억으로 남은 사람도 있을 것이다. 그때는 아픔이었는지 모른 채 지나갔는데, 어느 순간 성장하면서 문득 알게 되기도 한다.

'내가 그때 힘들고 아팠구나.'

어떤 유년 시절을 보냈든 위로를 드린다. 누구나 아픔이 있다. 아픈 사람은 누구든지 위로받을 자격이 있다. 각자의 어린 시절은 가정마다 환경이 달랐을 것이다. 유복했을 수도 있고, 그렇지 못했을 수도 있다. 자상한 부모 아래 성장했을 수도 있고, 가정폭력에 노출되었을 수도 있다. 좋은 교육환경을 제공받았을 수도 있고, 열악한 교육환경 속에서 자랐을 수도 있다. 부모의 손이 아닌 다른 보호자의 손에서 컸을 수도 있다. 청소년기 기숙형 학교에서 생활했을 수도 있다. 또는 어린 나이에 취직을 위해 학업을 포기했을 수도 있다. 어떤 이유로든 혼자서 힘겨움을 감당했을 것이다.

어떤 가정환경이었든 공통점이 있다. 지금 우리가 지닌 마음의 아픔들은 대부분 어린 시절 그들의 부모보호자로부터 물려받았을 가능성이 높다는 것이다. 작든 크든, 깊든 얕든, 마음의 아픔은 심리적 상처라는 이름으로 '전승'된다.

다행인 건 그렇게 대물림된 마음의 문제들을 스스로 찾고 바라보는 과정만으로 대부분은 해소된다. 해소된다는 표현은 없어지는 것이 아니라, 그 무게감을 끌어안을 수 있을 만큼 성숙해진다는 것이다. 하지만 그 성찰의 과정을 어떻게 해야 하는지 잘 몰라 어렵다.

◌ 자신의 마음 문제를 먼저 바라보기

운이 좋게도 유년 시절 누군가 자신의 마음을 잘 읽어준 사람을 만나기도 한다. 그런 공감 어린 시선으로 바라봐주었던 경험이 많을수록 자신의 마음 문제를 잘 파악한다. 즉, 자기 성찰을 잘한다.

자기 성찰을 잘하는 사람들은 직면하는 것을 두려워하지 않는다. 혼자 있는 순간을 자주 의식적으로 만든다. 엄밀히 말하면 직면하는 순간들이 두렵지만, 견디고 마주하는 결단을 실행한다. 그들이 그렇게 할 수 있는 이유는 타인으로부터 받았던 공감의 기억 때문이다. 나를 공감해주던 타인은 엄마, 아빠가 아닐 수도 있다. 그래도 위력을 발휘한다. 타인에게서 공감받았던 대로 자기 자신을 위로하는 능력을 갖춘다. 그렇게 셀프 공감하는 과정 중에 자신의 심리적 문제를 바라볼 수 있는 용기를 갖는다.

안타깝지만 이런 내적 성찰의 과정을 스스로 진행할 수 있는 부모는 그리 많지 않다. 대부분 마음의 문제를 찾아봐야겠다는 생각조차 못한다. 생각하더라도 어디서부터 시작해야 할지 모를 뿐더러 심지어 알더라도 회피한다. 혼자 하기엔 무겁고 무서우며 외로운 과정이기 때문이다.

그래도 시도해볼 만한 가치는 충분하다. 성공한다면 심리적 자유를 얻고, 실패해도 지금 상태는 유지한다. 심지어 실패를 반복해도 지금보다는 한 걸음 더 나아갈 확률이 높다. 부모로서 마음의 문제를 찾아가는 성찰의 과정은 꼭 필요하다. 그 문제를 찾고 마주하는 순간 '아이로부터 분리된 자아'를 만나게 된다. '아이로부터 분리된 자아'란 진짜 어른이 된다는 것을 의미한다.

자신에게, 그리고 아이에게 미안하다고 말하기

부모 마음의 문제를 스스로 파악하고 인정하는 여정은 어렵다. 위에 언급했던 대로 누군가로부터 공감받았던 기회가 많았다면 참 좋았겠지만, 대부분은 그렇지 못한 유년 시절을 보냈다. 그냥 빠듯하고 바쁘게 하루하루를 살기에도 벅찬 기억들이다.

*** 혹시 어린 시절 엄마나 아빠로부터 이런 말을 들어본 기억이 있나?**

"엄마가… 미안해."

"아빠가… 미안해."

아마 잘 기억나지 않을 것이다. 질문을 바꿔,

*** 그럼 엄마나 아빠에게 혼난 기억은 있나?**

아마 금방 기억해낼 것이다. 그 금방 기억난 장면을 떠올리며 내 자신에게 말해주자.

"미안하다."

"미안하다. 그땐 어쩔 수 없었다."

"그래도 미안하다."

어린 시절 자신의 엄마나 아빠로부터 미안하다는 표현을 들었던 기억을 물어보면 대부분 잘 기억나지 않는다고 대답한다. 중요한 건 기억나느냐 기억나지 않느냐가 아니다. 지금이라도 그 아프고 힘든 기억 속의 나에게 '미안하다'고 말해주는 것이다. 그 순간 내 마음의 문제와 아픔이 더 이상 나를 묶어 놓지 못한다. 이번에는 질문을 이렇게 바꾸겠다.

*** 혹시 아이에게 온몸으로 사과해본 적이 있나?**

*** 사과하면서 나의 가슴이 무겁도록 미안함을 느껴본 적이 있나?**

사과의 경험은 중요하다. 특히 우리 아이에게 하는 진솔한 사과는 '사랑한다'는 표현보다 힘이 세다. 사랑한다는 표현은 욕구 측면이 강하다면, 미안하다는 표현은 성찰적 자기 인식에 가깝다. 욕구를 조절하는 조절감, 그리고 조절하는 과정 중에 자신을 바라보는 성찰의 순간에 사람은 성장한다. 성찰을 통해 자기 문제를 바라보면 그 순간 튀어나오는 말은 '미안하다'이다. 학부모 상담 중에 이런 말씀을 드린 적 있다.

"어머님이 실수하셨네요. 집에 가셔서 체중을 실어 선유에게 미안하다고 말씀하셔야 합니다."

무게감 있는 사과에는 긴말이 없다. 짧은 한마디이지만 입 밖으로 나오기가 어려울 정도로 무겁다. 노크를 하고 방문 손잡이를 잡고 문을 여는 순간까지 온몸에 힘이 들어간다. 이런 무거운 사과는 부모 마음의 문제를 인정하는 마침표를 찍게 된다.

먼저 나에게 미안하다고 말해주고, 그렇게 나를 위로하고, 이제 우리 아이에게 미안하다고 말해보자. 우리 아이는 어른이 되어 스스로를 위로할 줄 아는 심리적 자유를 얻게 될 것이다.

03

아이보다 부모 자존감 먼저 들여다보기

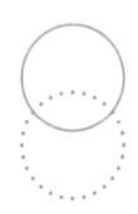

"나의 모든 페르소나들을 아주 작은 조각들까지 찾아내서 버렸다고 상상했을 때, 그럼에도 불구하고 스스로 가치 있는 존재라고 느껴진다면 당신의 자존감은 안전하다."

부모와 아이의 자존감은 연결되어 있다

아이를 양육하고 교육하면서 내 맘처럼 술술 잘 풀린다고 생각한 적이 거의 없을 것이다. 아이를 키우는 일은 뜻대로 되지 않는 일들의 일상이다. 그 뜻하지 않는 변수들 앞에서 무기력하다고 느끼기도 한다. 때론 죄책감이 들 때도 있다. 한번은 학부모 상담을 하는데 할머님이 오셔서 이런 고민을 털어놓으셨다.

"엄마 아빠가 모두 명문대 출신인데 왜 우리 손자는 공부를 잘 못

할까요?"

부모는 명문대를 나올 만큼 학습력이 좋아도 아이는 잘 못하거나 너무 싫어하는 경우도 많다. 반면 부모의 학력이 높지 않아도 공부 잘하는 아이가 있다. 심지어 좋아하기도 한다. 공부만 그런 게 아니다. 부모는 예술 분야에 전혀 재능이 없음에도, 어떤 아이는 타고난 실력과 관심을 보이기도 한다. 반대로 예술 분야에서 뛰어난 결과를 보이는 부모지만 아이는 전혀 다른 모습을 보이기도 한다. 그냥 시키니까 억지로 하는 것이다.

그런데 자존감은 다르다. 부모가 자존감이 높으면 아이의 자존감도 높다. 부모가 자존감이 낮으면 아이도 거의 낮다. 거의 항상 일관되게 나타나는 현상이다. 우리 아이의 자존감이 낮다고 판단되면 가장 먼저 부모 자신의 자존감을 살펴야 한다. 가끔 이렇게 말씀하시는 학부모가 계신다.

"유치원 선생님이 너무 무서운 분이어서 지금 우리 아이의 자존감이 많이 낮아진 것 같습니다."

자존감은 무섭다고 낮아지거나 안 무섭다고 올라가는 그런 종류의 것이 아니다. 유치원 선생님이 무서워서 자존감이 낮아진다면, 그 교실에 있던 모든 아이들은 다 자존감이 낮아져야 한다. 그런데 어떤 아이는 높고, 어떤 아이는 낮다. 물론 통제 불가능한 공포감에 휩싸였다면 심리적 상처가 되고 그것이 자존감과 연결될 수도 있다. 그럼에도 불구하고 자존감이 높은 부모의 환경에서 성장한 아이는 그 상처를 끌어안을 만큼 강한 자존감을 지닌다. 아이의 자존감이 걱정된다면, 외부에서 요인을 찾으려고 시간을 낭비하지 말자. 일단 부모의 자존감부터 점검하는 것이 최우선이다. 점검을 통해 '자아'를 식별하고 존재 의미를 느끼는 것이 먼저다. 그 과정에서 회복된 부모의 자존감은 신기할 정도로 아이에게 바로 연결된다.

부모의 자존감을 살피는 과정

부모로서의 자존감을 살피는 과정을 안내하면 이렇다. 자존감을 살펴보기에 앞서 먼저 '부모'라는 타이틀은 잠시 내려놓는다. 자존감은 '나'를 제외한 내게 붙은 모든 이름들을 제거해나가면서 찾는 것이다. '나에게 붙여진 이름들'을 심리학에서는 '페르소나가면'라고 한다. 그리고 스스로에게 질문을 한다.

*** 나는 누구인가?**

"나는 엄마입니다"라는 대답을 했다고 가정하겠다. 그 엄마라는 페르소나를 지운다. 그리고 다시 질문을 던진다.

***나는 누구인가?**

"나는 딸입니다"라는 대답을 했다고 가정하겠다. 그 딸이라는 페르소나도 지운다. 계속 이와 같은 질문들을 던진다. 질문을 던지면서 떠오르는 가면들을 종이에 적는다. 적고 나서 그 위에 엑스(X)자로 지운다. 마음으로만 지우지 말고 직접 눈에 보이게 지운다. 누구의 아내, 어떤 회사를 다니는 직장인, 가정주부, 명문대 동문, 동아리 회원, 친목회 총무 등, 나에게 붙여진 모든 페르소나를 다 걷어낸다. 더 이상 떠오르는 가면들이 없을 때 그 종이를 구겨서 쓰레기통에 던진다. 그리고 이제 조용히 질문을 바꾸어 물어본다.

*** 이런 모든 역할들을 다 지웠음에도 나는 존재할 자리가 있는가?**

*** 이런 모든 역할들을 다 못함에도 나는 쓸모 있는 사람인가?**

*** 이런 모든 역할들이 다 사라져도 나는 안전하다고 느끼는가?**

○ 페르소나가 아닌 그냥 '나'를 바라보기

나의 모든 페르소나들을 아주 작은 조각들까지 찾아내서 버렸다고 상상했을 때, 그럼에도 불구하고 스스로 가치 있는 존재라고 느껴진다면 당신의 자존감은 안전하다. 가치까지는 아니어도 그래도 존재할 만한 뭔가 당위성이 느껴진다면 당신의 자존감은 그럭저럭 잘 있다. 나의 가면들을 하나씩 잃어버린다고 생각했을 때, 그 생각만으로 뭔가 불안하고 결코 놓쳐서는 안 된다고 여겨진다면 당신의 자존감은 매우 약한 상태이다. 살얼음처럼 언제 깨질지 모르는 자존감이다. '나', '자아'라는 것만 남겨놓았을 때, 불안하고, 어디에 위치해야 할지 모르겠고, 존재가치가 무의미하다고 느껴진다면 거울을 보고 그런 나에게 말해주기 바란다.

"그래도 네가 있어서 좋다."

"고생했다. 그래도 네가 있어서 참 좋다."

"힘들었을 거야. 그래도 네가 여기 이렇게 내 앞에 있어서 고맙다."

위와 같은 말들을 타인에게 들을 수 있다면 더 좋겠지만, 가족들조차도 자주 이런 말들을 해주지 않았을 것이다. 내가 나에게 해주어도 된다. 효과가 있고 위로도 받을 수 있다.

존재감은 누군가 나를 바라보며 위로해줄 때 느껴진다. 이 세상에서 중요한 건 단 하나다. 나를 덮고 있는 페르소나가 아니라 그냥 '나'이다. 그토록 소중한 내가 지금 여기 있음을 인식하고 느끼는 것이 중요하다. 자존감은 이 세상에서 가장 가까이, 지금 여기에서 찾는 것이다.

04

우리 부모님의 말들 되돌아보기°

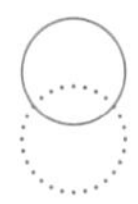

"지금 내가 우리 아이에게 교육이라는 이름으로 전달하는 많은 것들이, 사실 내 것이 아닌 나의 엄마 아빠의 목소리로 그저 또 다른 욕망의 전수를 행하고 있을 가능성이 높다."

◌ 나를 양육했던 누군가의 목소리를 기억해내는 일

잠시 떠올려보기 바란다. 어렸을 적 기억나는 엄마의 말 혹은 아빠의 말은 무엇인가? 어린 시절 주양육자가 엄마 아빠가 아니었다면, 그분할머니, 할아버지, 삼촌, 이모 등에게 들었던 말 중 가장 어렸을 적에 들었던 말은 무엇인가? 그 말을 들었을 때, 정서적 상황은 어떠했나? 혹시 너무 힘든 상황이 떠오른다면 멈춰도 된다.

나 혼자, 나의 어린 시절을 떠올리는 것만으로도 힘든 사람들이 생각보다 많다. 그래서 정신분석가를 찾아가 함께 그 순간을 공유하며 작업해 들어가기도 한다. 나의 무의식을 찾아 들어가는 여정은 천천히 안전하게 해야 한다. 전문가를 만날 수 있는 상황이 여의치 않다면, 적어도 관련 서적들을 많이 읽고 천천히 성찰하는 시간을 가지면 도움이 된다.

어린 시절 나를 양육했던 누군가의 목소리를 기억해내는 일은 '내'가 조각되는 과정을 되짚는 순간들이 된다. 그 목소리를 통해서 내게 주어진 기쁨, 아픔, 좌절, 희망 등이 함께 성장했다. 지금 어른이 되어 우리가 할 일은, 그 목소리를 기억해내고, 끌어안고 갈 것과 버려야 할 것을 분류하는 것이다.

한편으로 굳이 어린 시절을 되짚는 과정에 중점을 둘 필요가 없다는 주장도 있다. 찾기 어려운혹은 찾지 못하는 과거 기억 속에 머물지 말고 현재 상황에서 출발해야 한다는 의미인데, 경험한 입장에서 과거의 기억을 떠올리는 과정은 힘들지만 분명 효과는 있다. 지금의 '자아'는 과거의 어느 순간에 머물러 벗어나지 못하고 반복하는 경우가 많기 때문이다.

내 삶을 지탱한 어릴 적 누군가의 말

교육 프로그램의 일환으로 작은 그룹에 속해 정신분석 작업을 받았다. 당시 나는 심리학이 뭔지도 모르는 평범한 복학 준비

생이었다. 약 1년간 매주 1회 정도 작업을 했다. 서강대 심리학과 교수님의 지도를 받았는데, 지금 생각하면 참 행운이었다. 1990년대는 심리학이 대중적으로 알려진 시기가 아니었다. 그저 혈액형에 따른 심리 정도가 다였다. 그때의 정신분석 작업을 통해 심리적으로 무거운 짐들로부터 벗어나는 자유로움을 맛보았다. 또 당시 '외할머니'의 존재가 내 삶 전반에 엄청난 영향을 미치고 있었다는 사실을 알게 되었다. 내게 있어 가장 어릴 적 기억나는 말은 바로 '외할머니의 목소리'였다.

어린 시절 외할머니 손에서 자란 나는 네다섯 살쯤 낮잠을 자다가 아주 무서운 꿈을 꾸고 일어난 적이 있다. 너무 무서워서 할머니를 찾았는데, 할머니는 부엌 아궁이에서 불을 지피고 계셨다. 할머니는 나를 보고 이렇게 말씀하셨다.

"일어났냐?"

그 말 한마디에 나는 마음이 안정되고 편안해졌다. 그리고는 말없이 마루와 부엌의 경계선에 앉아 할머니를 바라보았다. 아궁이 앞에서 불을 지피는 할머니의 모습이 지금도 따뜻한 장면으로 기억에 남아 있다. 그 순간 느껴지는 정서는 가장 안전하면서, 가장 고요하면서, 가장 편안한 순간이었다. 무엇보다도 그때의 안정감이 지금도 생생하다. 그 안정감은 지금까지 내

삶의 많은 부분에 영향을 주었다. 힘들거나, 불안하거나, 어려운 순간에 그때 안정감이 작동했다. 내 자신을 조절하는 힘이 생긴 것이다.

할머님의 '일어났냐?'라고 물어보는 그 한마디 음성에는 모든 것이 다 들어 있었다. '우리 손주가 너무 좋다'는 목소리였다. '너를 위해 지금 밥을 하고 있다'라는 말이었다. '잠시 후면 따뜻한 저녁상이 차려질 테니 같이 맛있게 먹자'라는 뜻이었다. 무엇보다도 '네가 지금 거기 있어서 참 좋다'는 말이었다. 그 모든 것들이 '일어났냐'는 한마디 속에 다 담겨 있었다. 그런 모든 의미들을 한마디로 '사랑'이라고 부른다. 나는 사랑받고 있음을 당시에 느낄 수 있었다. 그리고 그 사실은 나의 '자존감'에 막대한 영향을 주었다.

부모님에게 들었던 말들을 소환하는 작업

글은 풀어서 설명해야 그 의미가 제대로 전해지지만 말은 그렇지 않다. 짧은 한마디 말 속에 의미가 다 담겨 있다. 그 순간의 억양, 말투, 목소리 떨림, 시선, 표정, 행동 등과 함께 많은 의미를 복합적으로 한 번에 전달한다. 그래서 한순간에 칼이 되기도 하고 피난처가 되기도 한다. 그때는 몰랐지만 되짚어보는 과정 중에 알게 된다. 그 작은 말 한마디가 얼마나 많은 시간

동안 스스로를 억압하며 그 안에 머무를 수밖에 없게 했는지도 알게 된다.

나의 인식과 행동에 영향을 미치는 말들은 유명한 명언들이 아니다. 유명하고 감동적인 말들도 영향은 주지만, 인식의 변화를 주지 못할 때가 많다. 삶 전반에 영향을 주는 말은 이미 어린 시절에 각인되어 있기 때문이다.

어린 시절 누군가 나에게 지나치듯 무심코 한 한마디의 말 속에 자신의 인식이 머물러 있는 경우가 많다. 어린 시절 나에게 가장 많은 말을 해온 사람은 대부분 우리의 부모님들이다. 먼저 그들의 말들을 되짚어 보아야 한다. 그 속에서 '내'가 있다. 엄밀히 말하면 그들의 말로 인해 영향을 받고 성장할 수밖에 없었던 '내'가 있다. 그 '나'를 만나서 이제 타인의 말이 아닌 진짜 내 생각과 내 안에서 나오는 나의 원의原意로 대체하는 과정을 해야 한다. 그 긴 여정의 첫 출발이 바로 부모로부터 들었던 '말들'을 소환해내는 것이다. 그 소환의 과정이 결코 행복한 여정은 아닐 것이다. 두렵기도 하고, 때론 직면하고 견뎌야 하며, 더 깊은 곳으로 숨어버릴 상황이 생길지도 모른다.

○ 내 말에서 부모의 목소리를 분별해내기

일단 내면의 분석은 떠오르는 것부터 시작이다. 혼자서 한 번에 너무 많은 말들을 소환해낼 필요는 없다. 정리도 안 될 뿐더러 더욱 혼란스럽게 만들 수 있다. 단 그렇게 혼란스러움 중에 떠오르는 감정과 그 감정에서 툭 튀어나오는 과거 엄마의 말, 아빠의 말을 혼자 중얼거려보기 바란다. 엄마나 아빠로부터 혹은 다른 양육자로부터, 또는 어린 시절 내가 저항할 수 없는 어떤 타인으로부터 들었던 말들을 소환해내는 것도 도움이 된다.

어렵고 힘들겠지만 천천히 시간을 갖고, 그 과정 중에 당시 내가 느꼈던 욕망과 감정들을 떠올리며 그 속에 머물러 있는 '나'를 찾기 바란다. 그 나를 찾아서 이제 그만 쉬어도 된다고 보내주는 이별의 과정을 해보는 것이 중요하다.

그 과정이 없다면 지금 내가 우리 아이에게 교육이라는 이름으로 전달하는 많은 것들이, 사실 내 것이 아닌 나의 엄마 아빠의 목소리로 그저 또 다른 욕망의 전수를 행하고 있을 가능성이 높다.

내 말에서 엄마의 목소리를 분별해내야, 그때부터 진짜 내 목소리로 아이에게 다가갈 수 있다. 그 분별은 기억의 소환부터 시작이다.

05

아이의 말 때문에 상처받은 내 마음 알아주기

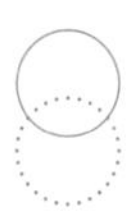

"아이에게 상처되는 말들을 자주 들으면 부모로서 무력감에 빠져든다. 그 무력감은 일상에서 마주하는 힘겨움보다 훨씬 더 큰 무게감이 된다."

아이 표정, 말투, 시선에 상처받는 부모들

초등 학부모 대상 강연을 하러 가는 중에 기대와 함께 약간 긴장되는 생각이 떠오른다. 많은 강연을 다녔지만 항상 같은 생각이다. 그것은 바로 오늘 강연 내용에 대한 생각들이 아닌, 강연 후에 대한 것들이다.

'오늘은 어떤 질문을 받을까? 그 고민들에 조금이라도 무게감을 덜어 줄 수 있으면 좋겠는데……'

어느 때는 강연을 하기 위해서가 아닌 질문을 받기 위해 강연에 가는 느낌도 든다. 질문을 받으면서 느껴지는 학부모님들의 간절한 시선들이 교육자로서의 역할을 되새기게 해준다.

사실 강연 자체는 일방적인 전달에 가깝지만, 질의응답은 다르다. 소통의 시간이다. 또 공감과 동시에 직면의 순간들이다. 그 역동적이면서 종합적인 질문들 가운데, 교육에 대한 실질적인 질문과 고민들을 마주한다. 어떤 교육이론이나 발달과정 순서에도 어울리지 않는 일들이 일어난다. 다양한 변수들이 살아있는 질문들과 마주하게 한다. 그리고 그러한 질문을 직면하면서 나 또한 새로운 고민거리들을 갖고 숙고하게 된다. 한번은 어느 도서관에서 주최한 초등 학부모 강연에서 이런 질문을 받았다.

"5학년 되더니 처음으로 엄마한테 큰소리로 화를 내서 깜짝 놀랐습니다. 욕을 한 건 아니지만, 뭐랄까 무시당한다는 느낌을 받았어요. 그렇다고 뭐라고 막 혼낼 수도 없고… 벌써부터 이러면 중학교 가서는 감당 못 할 것 같기도 하고…. 뭐 화가 나면 큰소리도 낼 수 있으니까 그냥 지나가면 될까요? 아니면 어떻게 하면 될까요? 그냥 사춘기라서 그런 걸 거라고 생각하고 넘어갔는데… 괜찮은 건지… 잘 모르겠습니다."

강연장에서 자주 들을 수 있는 질문은 아니다. 왜냐하면 많은 다른 학부모님들이 있는 가운데, 자신의 현 모습을 있는 그대로 꺼내놓기는 어렵기 때문이다. 가끔 학부모 개인 상담 중에 듣기는 하지만, 그래도 이렇게 상세하게 마음을 전달하진 않는다.

보통은 강연 후에 이런 질문들을 많이 한다. '우리 아이가 다른 아이에게 피해를 당하고 있다든지, 또는 우리 아이와 다른 아이 관계에서 문제가 있다든지, 우리 아이의 잘못된 습관들을 어떻게 지도해야 하는지' 등을 묻는다. 그런데 위 질문은 양상이 다르다. 심하게 표현해서 가해자가 '우리 아이'이며 피해자는 '부모'이다. 그 질문을 하신 학부모님께 이렇게 대답을 해드렸다.

"상처는 아이만 받는 게 아닙니다.
부모 또한 아이의 표현에 상처받습니다. 자신을 보호하세요."

정확히 표현하면 학부모님들은 아이가 부모를 무시하는 듯한 표정, 말투, 시선에 상처받는다. 그런데 안타까운 건 이러한 순간에 '방어기제'를 사용하지 않는 부모님들이 의외로 많다는 것이다. 심리적 방어기제는 '나의 존재'를 지키려는 긍정적 역할도 수행한다. 물론 지나친 방어기제 남발로 인해 서로에 대한 관계 개선이 어려워지는 경우도 있다. 문제는 학부모님들

중에 아이로부터 공격을 당하면 자신을 그냥 무방비 상태로 놓으시는 분이 있다. 그렇게 하는 이유는 일종의 죄책감 때문이다.

'우리 재현이가 지금 이러는 건, 재현이 어릴 적에 내가 직장을 그만두고 같이 있어줘야 했는데, 그렇게 하지 못해서 그러는 거야.'

'우리 수지가 지금 저렇게 짜증을 내고 있는 건, 내가 하는 행동을 보고 배웠기 때문일 거야.'

'그때 엄마 아빠가 경제적으로 너무 바쁘고 힘들어서 제대로 챙겨주지 못해서 지금 이렇게 된 걸 거야.'

거리를 두고 지켜줄 수 있는 부모

사실 위 표현들을 읽어보면 나름 인과관계를 잘 파악한 것처럼 보이지만, 어디까지나 그냥 생각이나 추측일 뿐이다. 정확히 표현하자면 죄책감은 비합리적인 신념을 만들어낸다. 인과관계가 상관없는 것들을 연결지어버린다. 그리고 설사 부모의 어떤 잘못으로 인해 그런 일이 일어났다 해도 부당한 상처를 받아야 할 이유는 없다. 그냥 부모가 잘못을 인정하고 사과하면 된다. 아이에게 어떤 처벌과 같은 모습으로 비아냥이나 화, 심지어 욕을 먹을 필요는 더더욱 없다.

물론 아이가 부모가 보지 않는 가운데 혼자 욕하고 분노할 수는 있다. 그 정도는 아이도 할 수 있다. 그 과정 중에 해소감도 느끼고, 또 자기 감정을 조절해 나간다. 그러나 반복적이고 지속되는 강한 표현은 그 자체로 폭력이다.

죄책감 때문에 부모 자신을 희생물로 삼지 말자. 그럴수록 아이는 표면상 더욱 거칠어지고 내면으로는 불안해진다. 아이가 바라는 건 부모의 존재를 파괴하는 것이 아니라, 부모의 존재로부터 안전하게 분리되기를 바라는 것이다. 단지 방법을 모를 뿐이다.

아이로부터 상처되는 말들을 자주 들으면 부모로서 무력감에 빠져 들기 마련이다. 그 무력감은 일상에서 마주하는 힘겨움보다 훨씬 더 큰 무게감이 된다. 그만큼 삶의 질에 많은 영향을 준다.

"네가 부모에 대해 불만을 가질 수도 있고, 화난 감정이 일어날 수도 있어. 그건 엄마 아빠도 인정해줄 수 있어. 그렇다고 그 감정을 있는 그대로 엄마, 아빠 보는 앞에서 쏟아내는 건 받아주지 않을 거야. 네 방에 들어가서 화를 내. 내 앞에서는 아니야."

이렇게 부모가 자기 자신을 지켜나가는 모습을 보면서, 아이 또한 자신의 태도를 객관적으로 본다. 또한 자기 자신을 타인으로부터 어떻게 지켜나가는지 몸으로 터득한다.

죄책감이라는 감정 때문에, 그리고 부모는 무한 사랑으로 아픔과 상처까지 받아주어야 한다는 이상적인 논리에 빠지지 말자. 그건 이상적인 것이 아니라 그냥 이상한 신념일 뿐이다. 불가능한데 불가능하지 않다고 전수된 강한 사회적 약속일 뿐이다.

"부모의 사랑은 무한하지 않다.
다른 사랑에 비해 강하고 오래 지속할 동기가 더 있을 뿐이다."

상처에 자신을 노출시키는 부모보다, 거리를 두고 지켜줄 수 있는 위치에 있을 때 오히려 부모의 안정적 사랑을 더욱 오래 지속할 수 있다. 아이를 지키려면, 부모 자신이 먼저 안전해야 한다.

TIP
×
아이 마음과
내 마음을 읽는
책들 04.

"부모들이 읽으면 도움되는
심리·인문·교양 서적"

1. 아이와 부모의 자존감을 높이는 데 도움되는 심리서

《나를 사랑하게 하는 자존감》 **이무석 저, 비전과 리더십**

《자존감 수업》 **윤홍균 저, 심플라이프**

《초등 자존감의 힘》 **김선호 저, 길벗**

《아이의 자존감》 **정지은·김민태 공저, 지식채널**

2. 아이 학습능력을 높이는 데 도움되는 도서

《7번 읽기 공부법》 **야마구치 마유 저, 류두진 역, 위즈덤하우스**

《공부머리 독서법》 **최승필 저, 책구루**

《데이터가 뒤집은 공부의 진실》 **나카무로 마키코 저, 유윤한 역, 로그인**

《초등 공부력의 비밀》 **기시모토 히로시 저, 홍성민 역, 공명**

《거실공부의 마법》 **오가와 다이스케 저, 이경민 역, 키스톤**

《왜 유대인인가》 **마빈 토케이어 저, 박현주 역, 스카이**

《영어책 읽기의 힘》 **고광윤 저, 길벗**

《공부하는 인간》 **정현모 저, 예담**

3. 상처받은 내면의 치유에 도움되는 심리서

《상처받은 내면아이 치유》 **존 브래드쇼 저, 오제은 역, 학지사**

《내 아이는 괜찮을까》 **김선호 저, 봄스윗봄**

《프로이트의 환자들》 **김서영 저, 프로네시스**

《트라우마》 **주디스 허먼 저, 최현정 역, 열린책들**

《내 안의 트라우마 치유하기》 **피터 A. 레빈 저, 양희아 역, 소울메이트**

《천개의 공감》 **김형경 저, 사람풍경**

4. 부모의 철학·인문 소양을 높이는 도서

《마흔에 읽는 손자병법》 **강상구 저, 흐름출판**

《물욕 없는 세계》 **스가쓰케 마사노부 저, 항해**

《아이들이 신에 대해 묻다》 **안-우베 로게·안셀름 그륀 저, 장혜경 역, 로도스**

《호모 데우스》 **유발 하라리 저, 김명주 역, 김영사**

《2030 대담한 도전》 **최윤식 저, 지식노마드**

《무소유》 **법정 저, 샘터**

《엄마의 책갈피 인문학》 **김선호 저, 상상출판**

5. 힐링이 필요한 부모를 위한 도서

《30년만의 휴식》 **이무석 저, 비전과 리더십**

《자연이 마음을 살린다》 **플로렌스 윌리엄스 저, 문희경 역, 더퀘스트**

6. 글쓰기 능력을 키우는 데 도움이 되는 도서

《강원국의 글쓰기》 **강원국 저, 메디치미디어**

《직업으로서의 소설가》 **무라카미 하루키 저, 양윤옥 역, 현대문학**

《표현의 기술》 **유시민 저, 생각의 길**

《에디톨로지》 **김정운 저, 21세기북스**

7. 딸을 둔 부모가 읽으면 좋은 도서

《딸에게 보내는 심리학 편지》 **한성희 저, 메이븐**

《딸은 엄마의 감정을 먹고 자란다》 **박우란 저, 유노라이프**

《엄마니까 느끼는 감정》 **정우열 저, 서랍의 날씨**

《엄마, 왜 나한테 그렇게 말해?》 **데보라 태넌 저, 김고명 역, 예담**

8. 사춘기 아이를 둔 부모를 위한 도서

《초등사춘기 엄마를 이기는 아이가 세상을 이긴다》 **김선호 저, 길벗**

《조금 달라도 괜찮아》 **김선호 저, 인물과 사상사**

9. 부모가 어른이 되기 위한 도서

《가끔은 격하게 외로워야 한다》 **김정운 저, 21세기 북스**

《좋은 이별》 **김형경 저, 사람풍경**

《행복한 이기주의자》 **웨인 다이어 저, 오현정 역, 21세기북스**

《당신이 옳다》 **정혜신 저, 해냄**

10. 창의력·직관적 사고에 도움이 되는 도서

《제7의 감각》 **윌리엄 더건 저, 윤미나 역. 비즈니스맵**

《초등 직관 수업》 **김선호 저, 항해**

《생각의 탄생》 **로버트 루트번스타인·미셸 루트번스타인 저, 박종성 역, 에코의서재**

11. 아이와의 성공적인 분리에 도움이 되는 도서

《잃어버리지 못하는 아이들》 **이수련 저, 위고**

《폭군아이 길들이기》 **디디에 플뢰 저, 길벗**

《프랑스 아이처럼》 **파멜라 드러커맨 저, 이주혜 역, 북하이브**

12. 초등 입학을 앞둔 학부모를 위한 도서

《아이 1학년 엄마 1학년》 **남정희·이호분 공저, 길벗**

《초등생의 진짜 속마음》 **김선호 저, 한겨레출판**

《엄마도 학부모는 처음이야》 **최재정 저, 길벗**

13. 성취력을 높이는 도서

《원씽 THE ONE THING》 **게리 켈러·제이 파파산 공저, 구세희 역, 비즈니스북스**

엄마의 감정이 말이 되지 않게

초판 1쇄 발행 2021년 3월 5일
초판 2쇄 발행 2021년 3월 15일

지은이 김선호

펴낸이 박세현
펴낸곳 서랍의 날씨

기획 편집 윤수진 김상희
디자인 이새봄
마케팅 전창열

주소 (우)14557 경기도 부천시 부천로 198번길 18, 202동 1104호
전화 070-8821-4312 | **팩스** 02-6008-4318
이메일 fandombooks@naver.com
블로그 http://blog.naver.com/fandombooks

출판등록 2009년 7월 9일(제2018-000046호)

ISBN 979-11-6169-148-0 (03590)

서랍의날씨는 팬덤북스의 가정/육아, 에세이 브랜드입니다.